高等教育应用型人才培养“十三五”精品教材

U0794167

机械制图与CAD习题集

主　编　张　慧　谢　勇　罗胜男
副主编　龙一帆　凌　奔　张梦莎
　　　　杨　振　寇海利

西南交通大学出版社
·成　都·

图书在版编目（CIP）数据

机械制图与CAD习题集／张慧，谢勇，罗胜男主编
．—成都：西南交通大学出版社，2018.9（2020.7重印）
ISBN 978-7-5643-6425-0

Ⅰ．①机… Ⅱ．①张… ②谢… ③罗… Ⅲ．①机械制图－AutoCAD软件－高等职业教育－习题集 Ⅳ．①TH126-44

中国版本图书馆CIP数据核字（2018）第210185号

责任编辑	罗在伟
助理编辑	何明飞
封面设计	墨创文化

高等教育应用型人才培养“十三五”精品教材

Jixie Zhitu yu CAD Xitiji

机械制图与CAD习题集

主编 张 慧 谢 勇 罗胜男

出版发行	西南交通大学出版社 （四川省成都市二环路北一段111号 西南交通大学创新大厦21楼）
发行部电话	028-87600564 028-87600533
邮政编码	610031
网址	http://www.xnjdcbs.com
印刷	四川煤田地质制图印刷厂
成品尺寸	260 mm × 185 mm
印张	9
字数	225千
版次	2018年9月第1版
印次	2020年7月第2次
书号	ISBN 978-7-5643-6425-0
定价	29.00元

课件咨询电话：028-81435775

前　言

本书是与张慧、谢勇、罗胜男主编的高等教育应用型人才培养“十三五”规划教材《机械制图与CAD》配套使用的习题集。

本书主要编写特点：

1. 突出看图、画图能力的培养。本习题集遵循高等职业院校机械制图课程教学规律，以培养学生的空间想象和空间思维能力为主，重在培养学生看图能力和画图能力。通过适时引入的有效方法和层次渐进的习题，使学生把握开启画图、看图之门的两把钥匙，强化其画图、看图的能力。

2. 内容丰富、难易适中。本书编入的习题具有典型性，与教材内容同步，循序渐进、难易适中。除了编排供学生理解、消化、巩固基本知识习题外，还设计了一些形式多样的练习题便于学生自学。

3. 图形清晰、美观、准确，结合专业实际。本书将传统的板图抄画重心逐步转变为徒手绘图和AutoCAD制图，以地铁车辆生产厂家的零件图为蓝本，让学生了解零件图的作用和内容，掌握零件图视图选择、尺寸标注、工艺结构的原则和方法，学习表面粗糙度、极限与配合、几何公差的标注及含义。

本书由湖北铁道运输职业学院机械制图课程负责人张慧和谢勇、龙一帆、杨振、罗胜男、凌奔、张梦莎、寇海利等骨干教师共同编写，由张慧、谢勇、罗胜男担任主编。在本书的编写过程中，得到了章柯、蔡海云、耿奎、冯骥、高杉等老师的大力支持，他们提出了许多宝贵意见，在此表示衷心感谢。

由于参加编写的各位老师水平和认识不尽一致，书中难免存在疏漏和不足之处，欢迎同行专家和读者批评指正。

编　者

2018年5月

目　录

任务页 1-1

1. 在指定位置按国家标准规定的线型和尺寸要求，分别画出下列四组图线的平行线。

（1）

（2）

（3）

（4）

2. 完成Ⅰ、Ⅲ、Ⅳ象限中的对应图线。

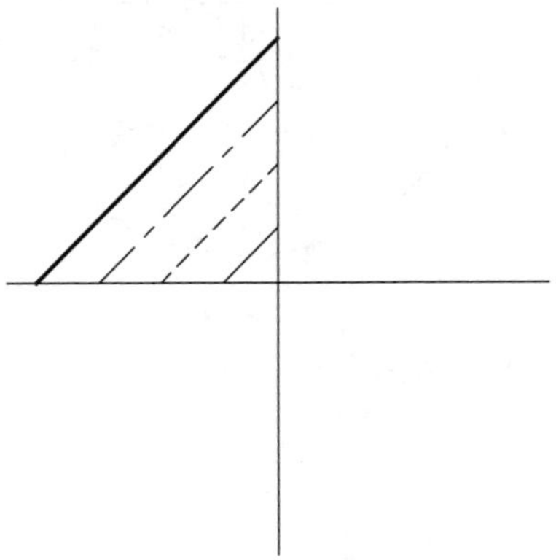

3. 以点画线交点为圆心，作各半径和图线所示的同心圆。

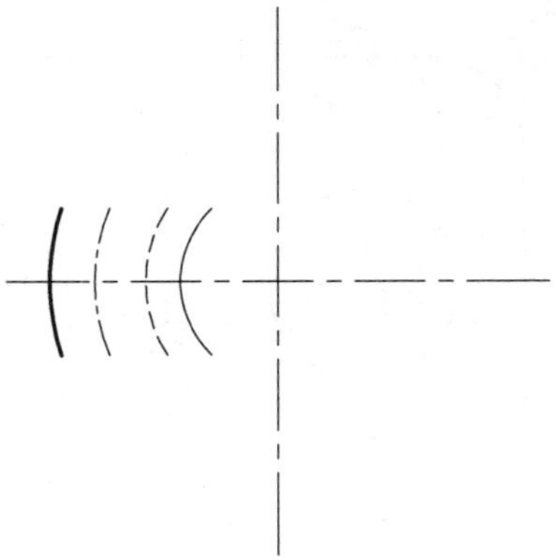

班级：________ 姓名：________ 学号：________

4. 大作业：绘制图框、标题栏并抄画下列图形。

（1）

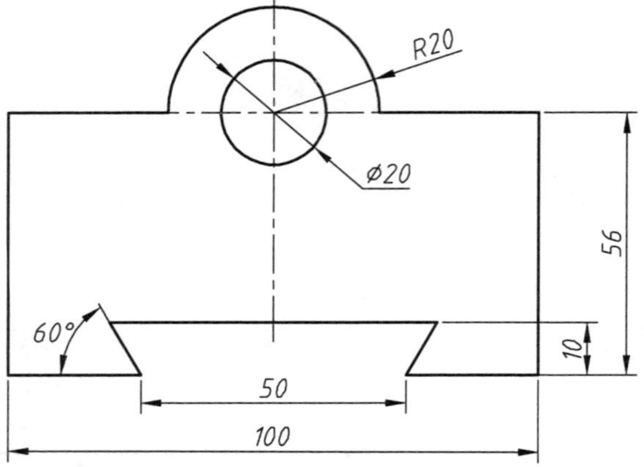

（2）

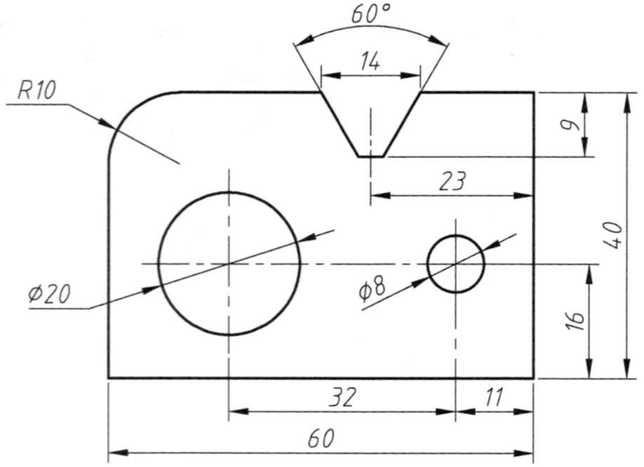

（3）

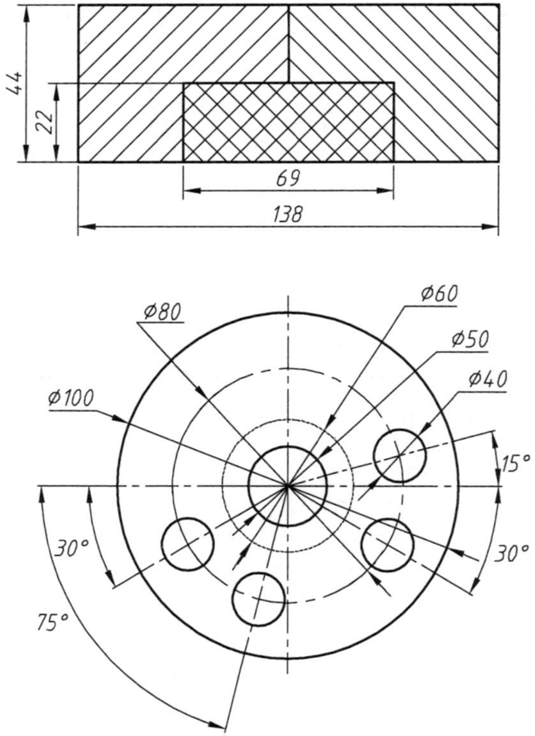

 班级：________ 姓名：________ 学号：________

任务页 1-2

1. 按右上角的图例，完成下图。

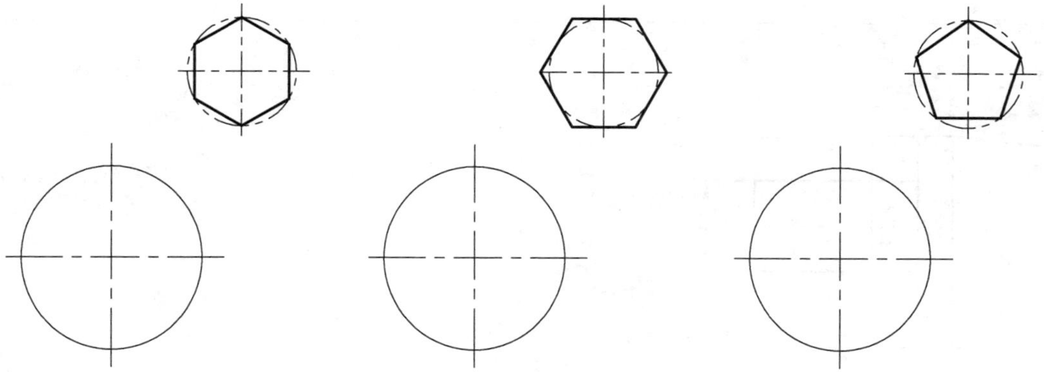

2. 按给定条件作斜度、锥度，并标注，（保留辅助三角形）。（下图中，粗实线为已知条件，细实线为待定线）

（1）

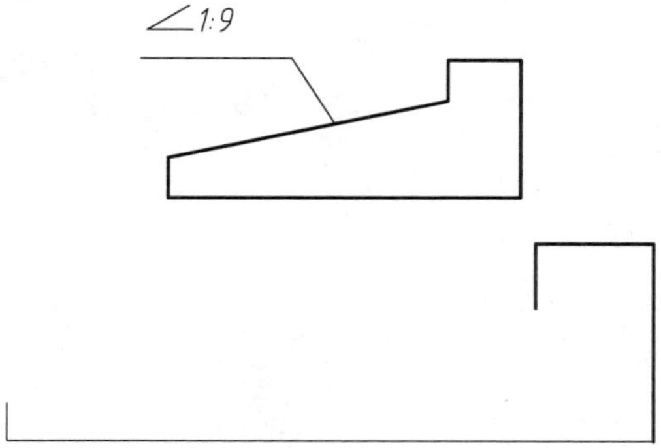

（2）

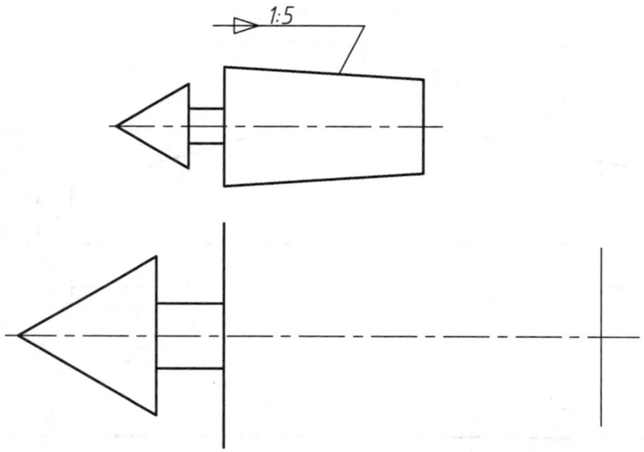

班级：________________ 姓名：________________ 学号：________________

任务页 1-2

3. 按 1∶1 的比例抄画下列图形，并标注（保留辅助三角形）。

（1）

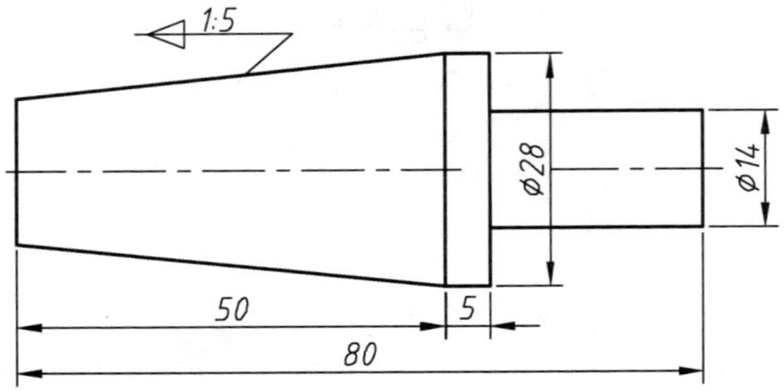

（2）

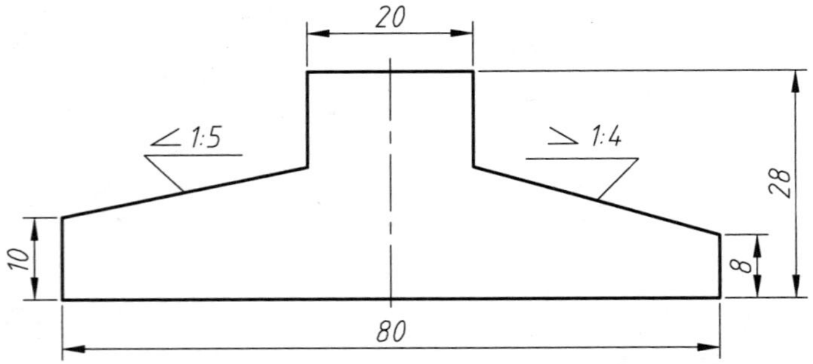

班级：________　姓名：________　学号：________

任务页 1-3

1. 完成下列平面图形的线段连接（比例 1∶1），保留连心线和垂线等作图辅助线。

（1）

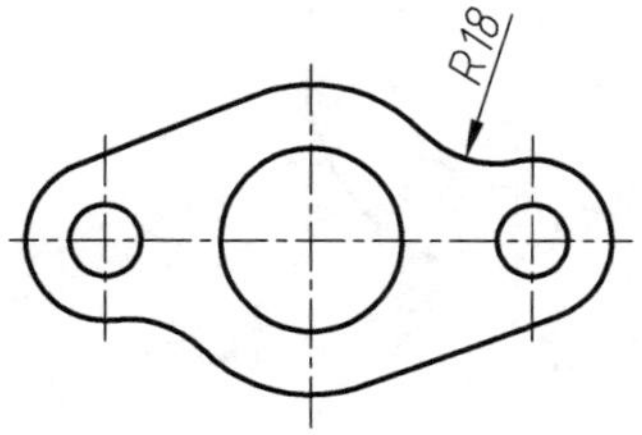

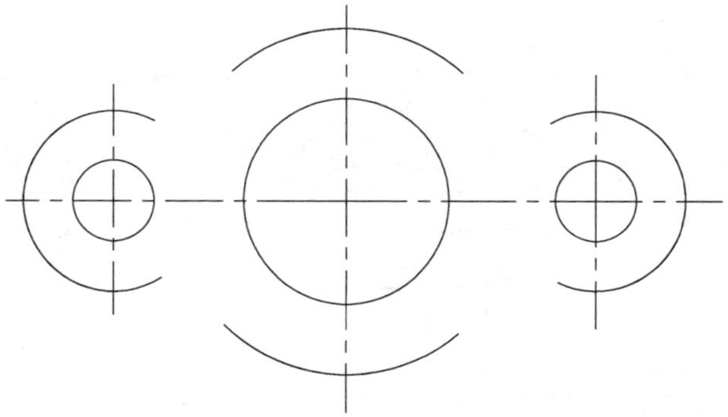

（2）

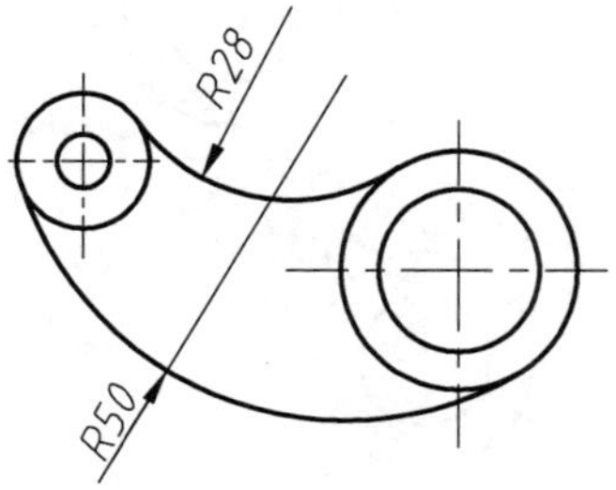

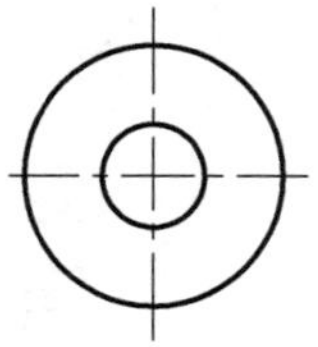

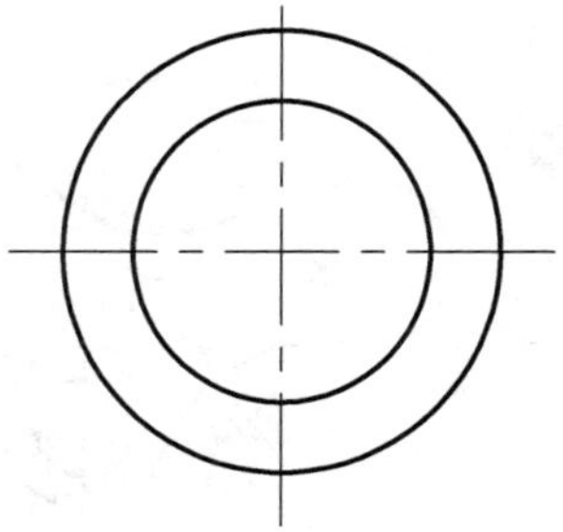

班级：________ 姓名：________ 学号：________

2. 完成下列平面图形的线段连接（比例 1∶1），保留连心线。

（1）

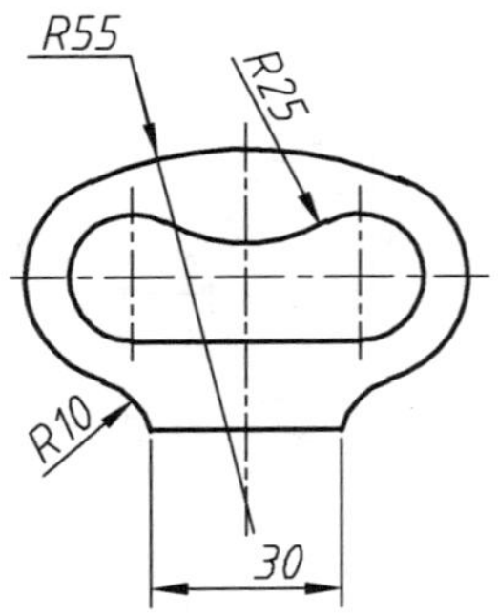

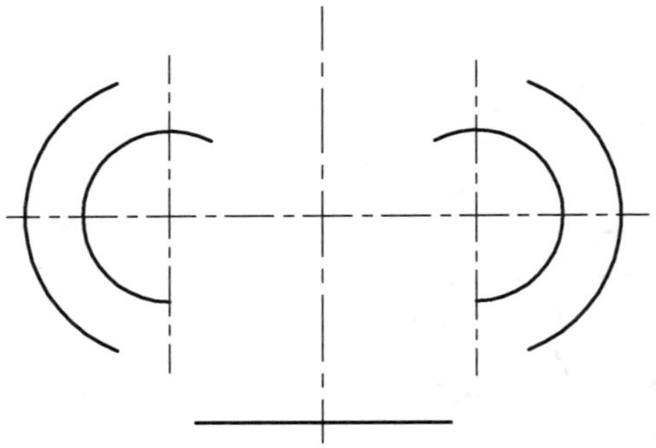

（2）

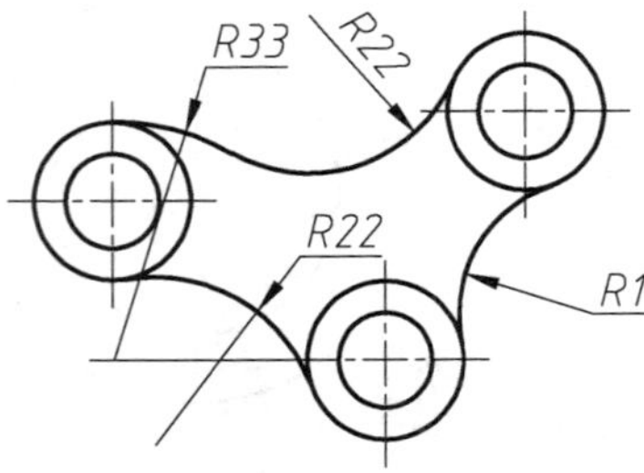

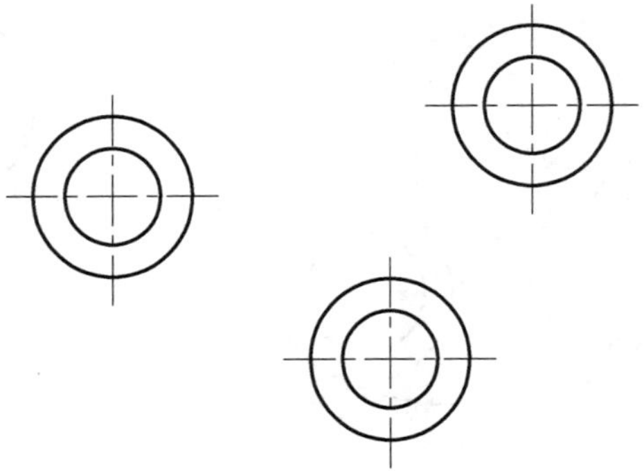

班级：____________ 姓名：____________ 学号：____________

1. 按 1∶1 的比例绘制平面图形。

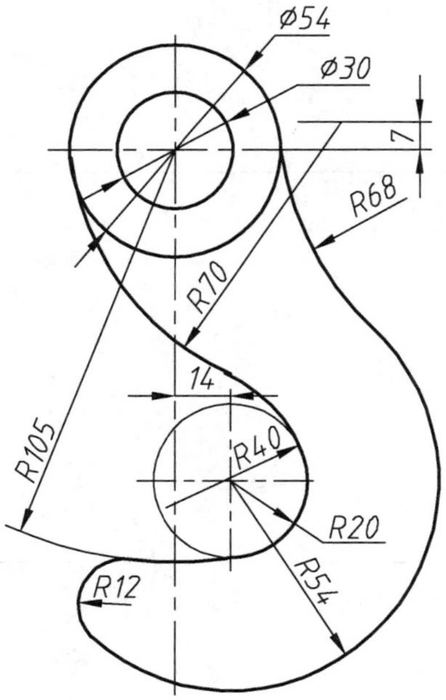

2. 按 1∶1 的比例绘制铁路路徽。

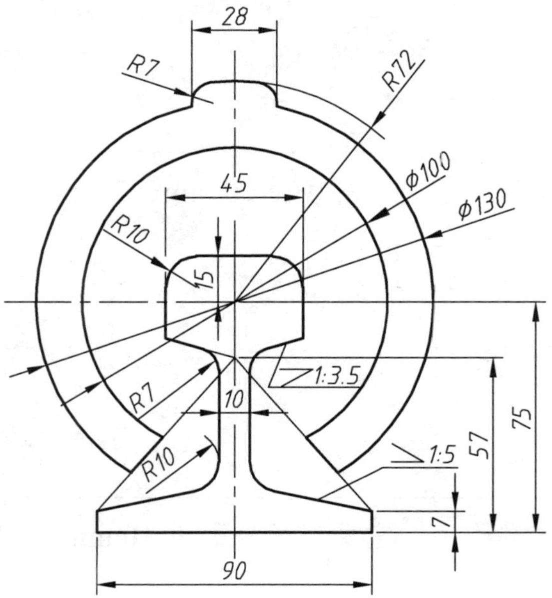

班级：________ 姓名：________ 学号：________

任务页 1–5

1. 徒手绘制 15°，75°，105°角。
2. 目测尺寸，绘制直径 20 mm、25 mm、30 mm 的圆。
3. 目测尺寸，完成直径分别为 10 mm、20 mm，15 mm、25 mm 和 20 mm、30 mm 的三组同心圆。

班级：________ 姓名：________ 学号：________

任务页 1–5

4. 目测尺寸，按比例 1∶1 徒手抄画平面图形。

（1）

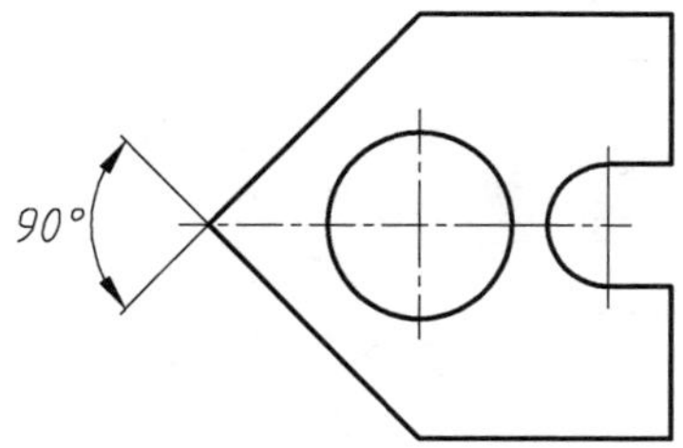

（2）

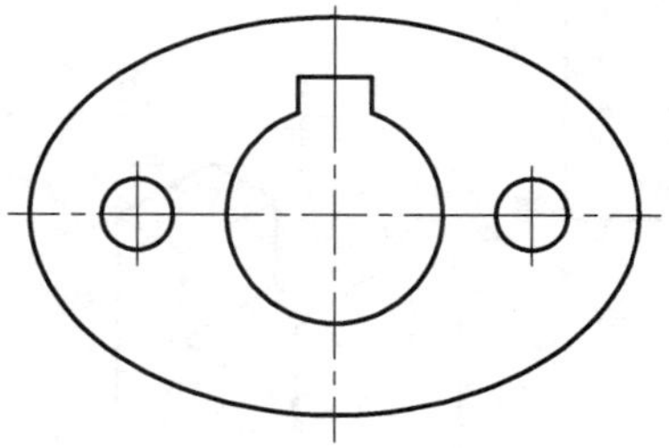

（3）

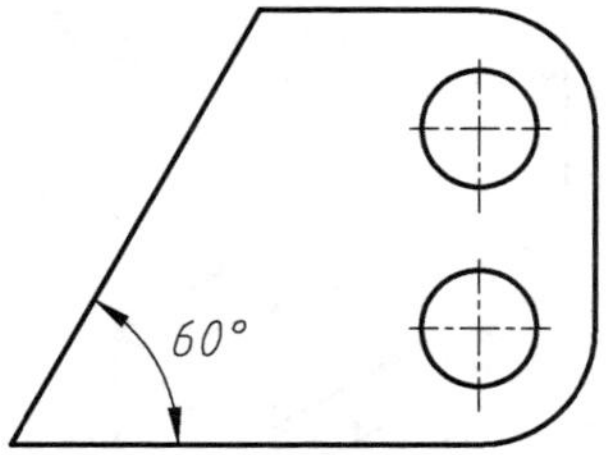

（4）

任务页 2-1

1. 在立体图上标注出投射方向，然后参照立体图补画视图缺线。

（1）

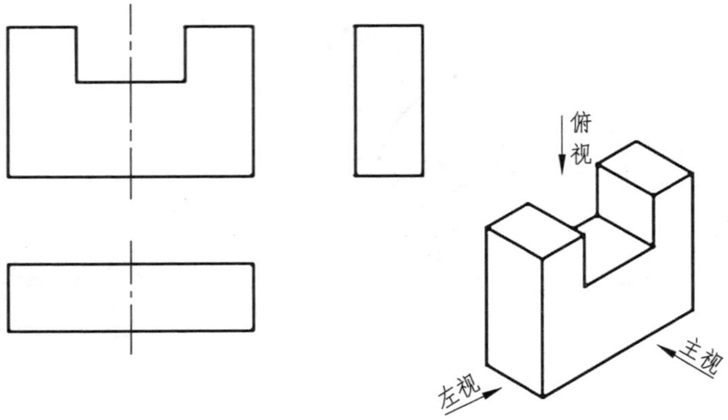

（2）

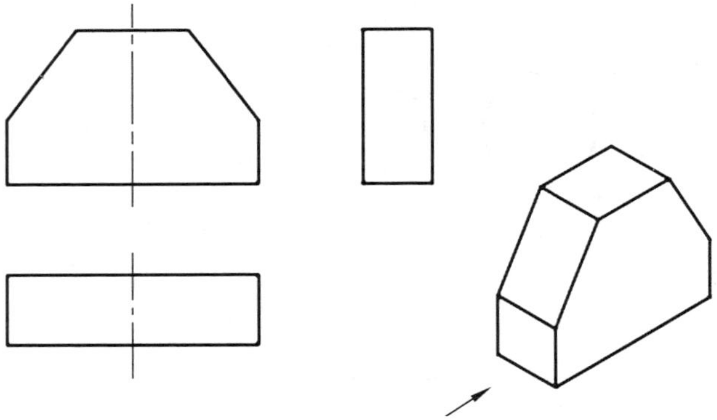

（3）

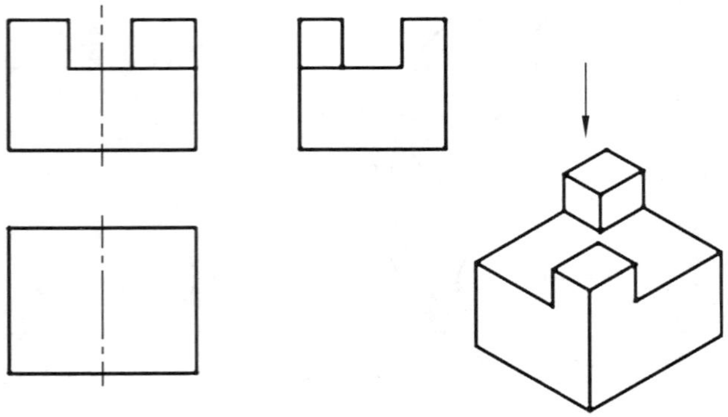

（4）

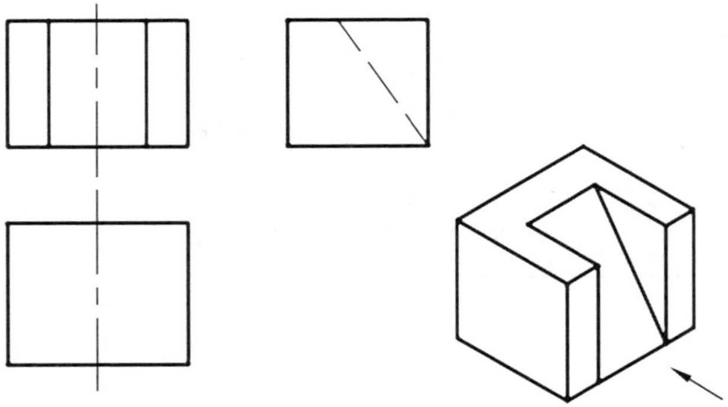

班级：__________ 姓名：__________ 学号：__________

任务页 2-1

2. 根据立体图辨认其相应的三视图。

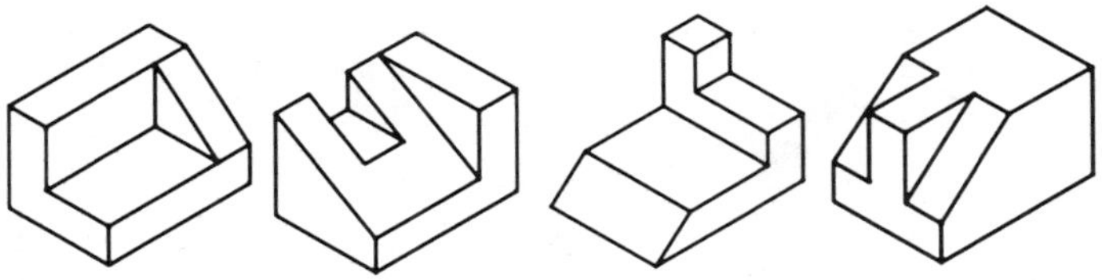

（1）

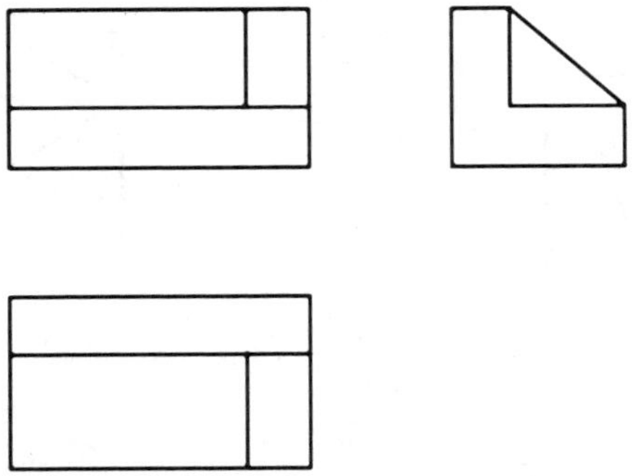

（2）

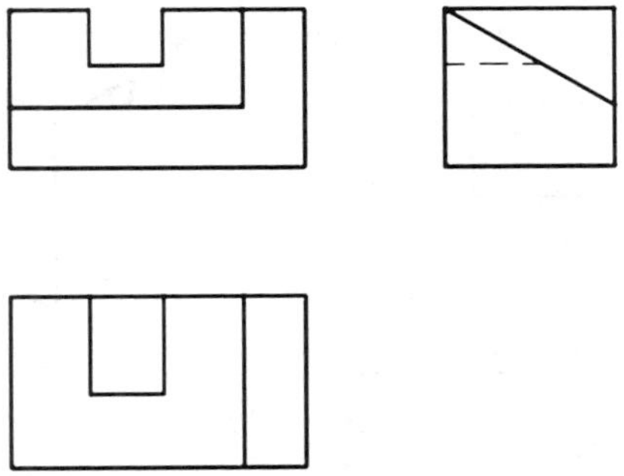

（3）

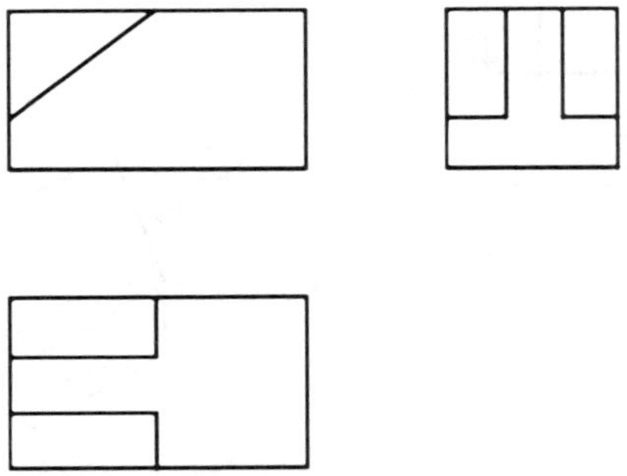

（4）

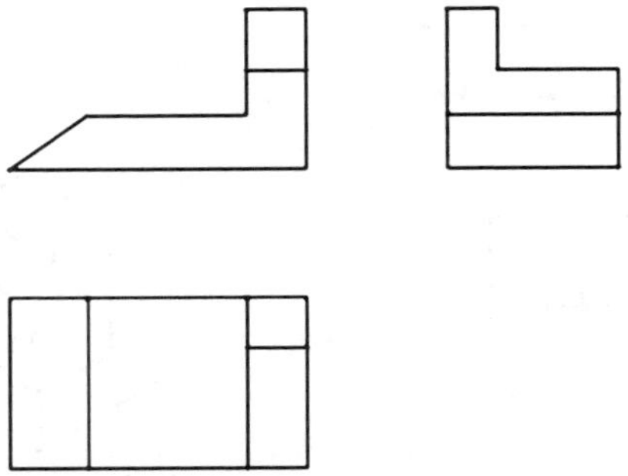

班级：________ 姓名：________ 学号：________

3. 根据立体图及两面视图，补画所缺的第三面视图。

（1）

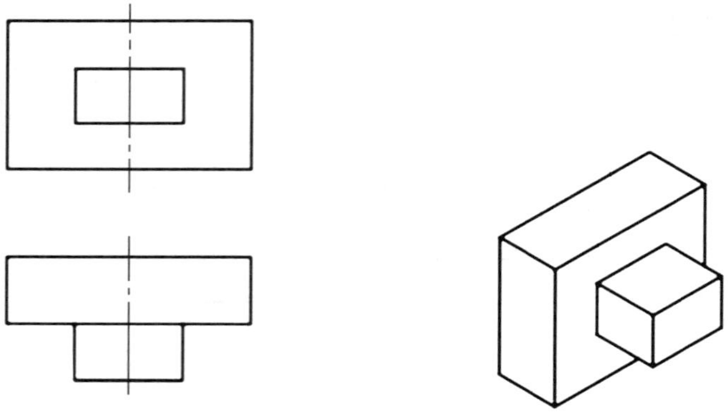

（2）

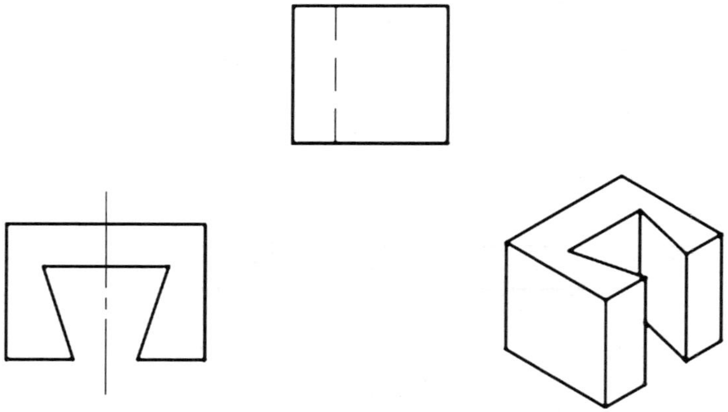

（3）

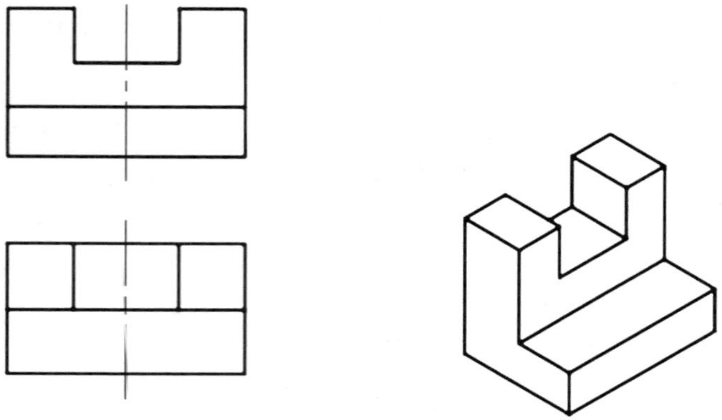

（4）

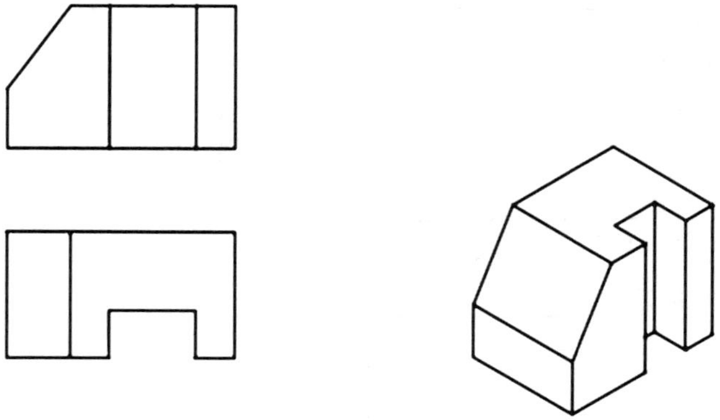

班级：________ 姓名：________ 学号：________

4. 补画视图缺线。

（1）

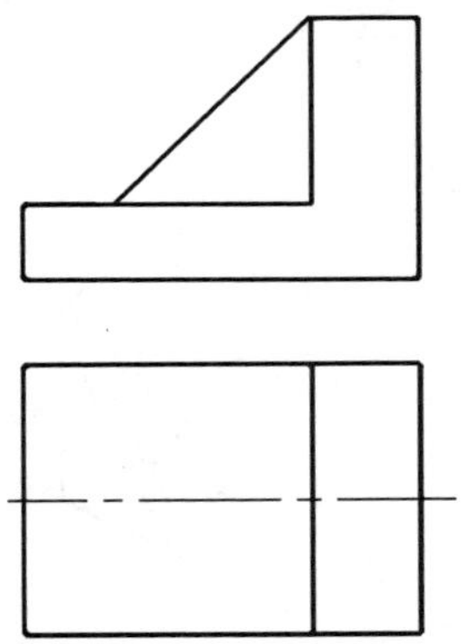

（2）

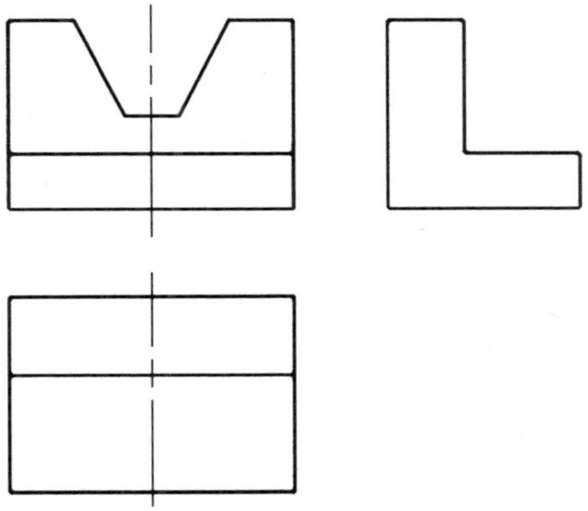

（3）

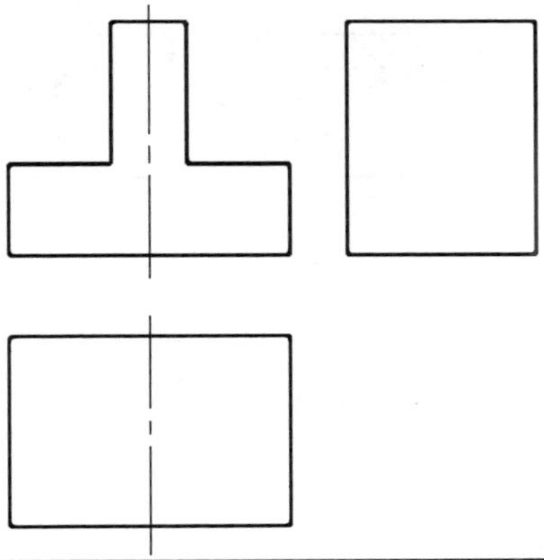

（4）

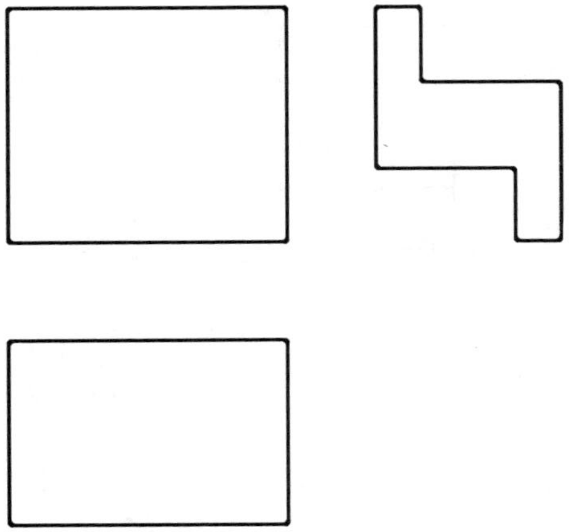

（5）

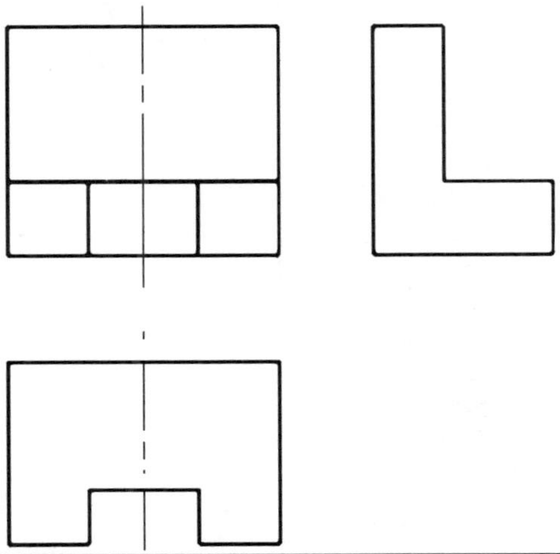

（6）

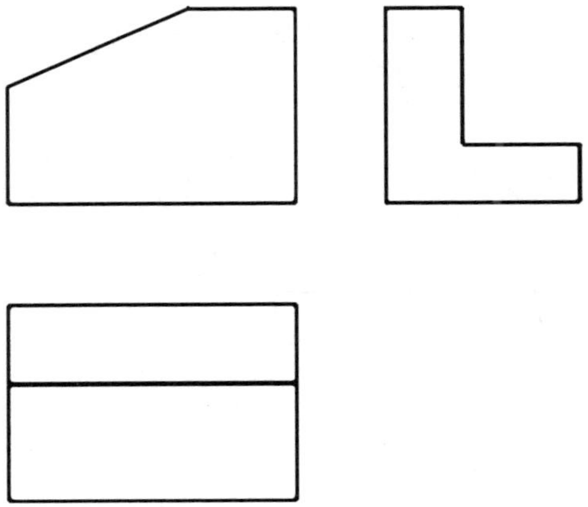

任务页 2-1

5. 完成俯视图，并指出画有剖面线平面的另两面投影。

（1）

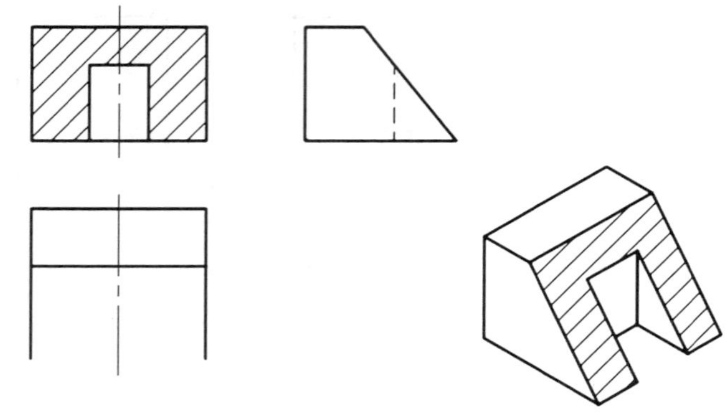

（2）

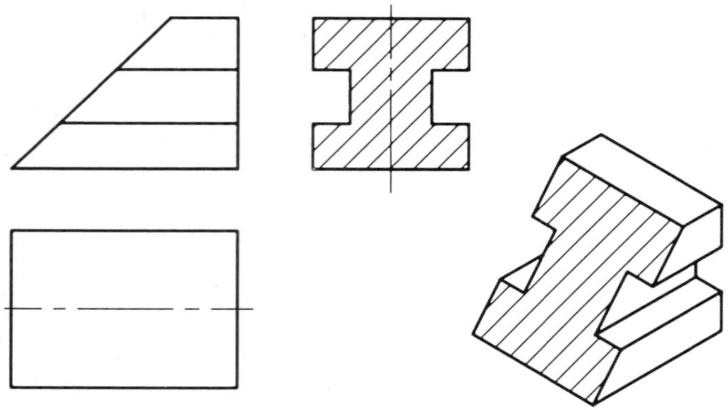

6. 补画第三视图，并指出画有剖面线平面的三面投影。

（1）

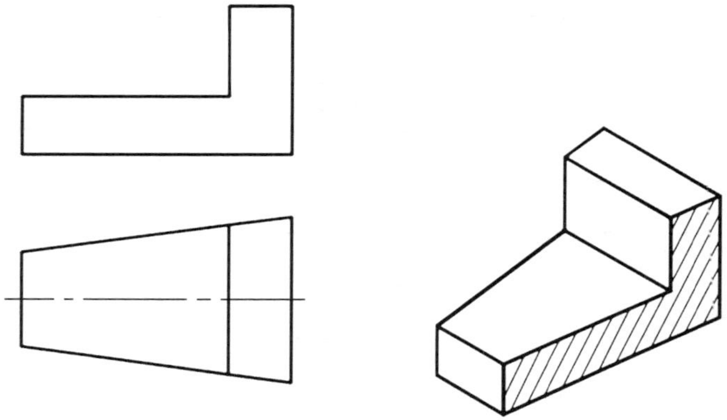

（2）

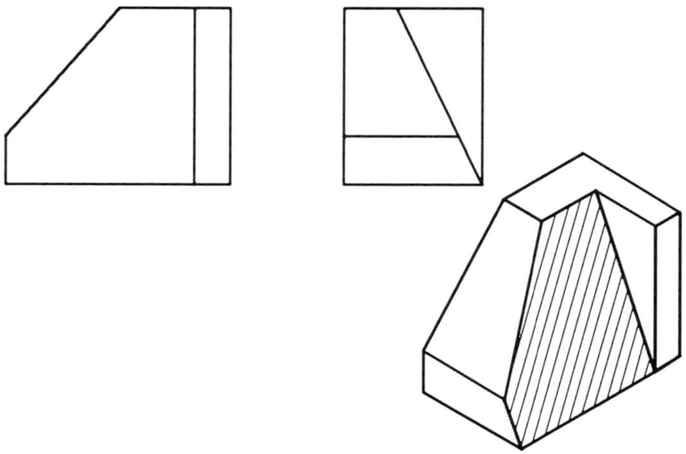

班级：________ 姓名：________ 学号：________

任务页 2-2

1. 绘制投影面平行线的三面投影（尺寸自定），解释“一斜两直线，定是平行线；斜线哪个面，平行哪个面。”

（1）

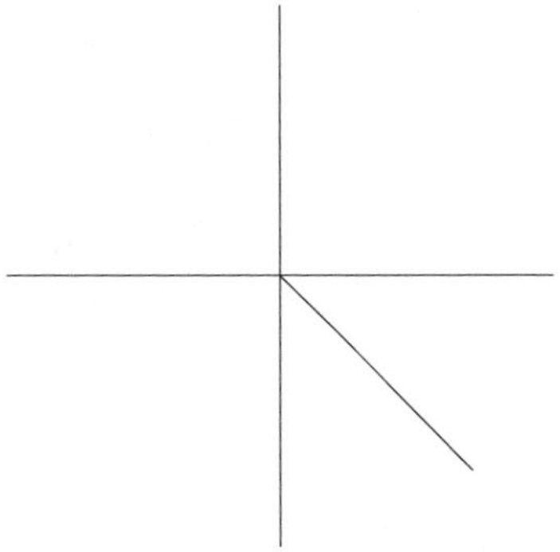

（2）

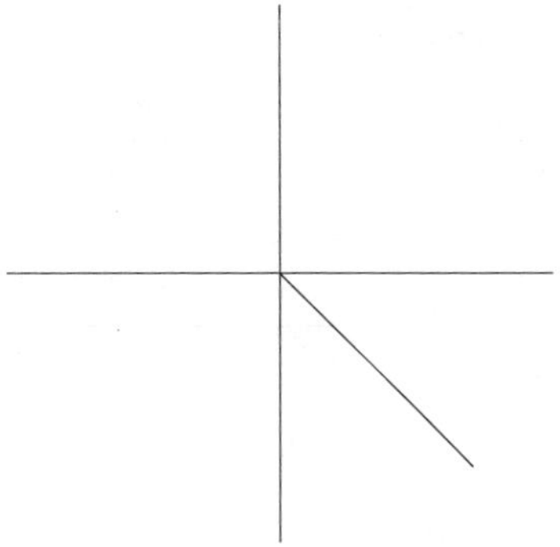

（3）

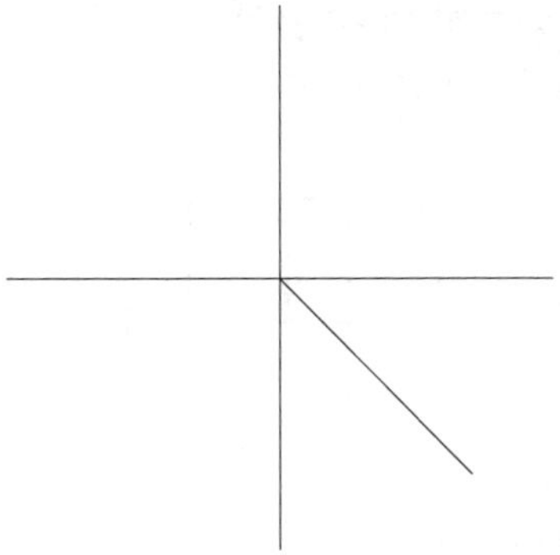

2. 观察被平面斜切后的正六棱柱三视图，并在其立体图和三视图上标出投影面的正平线和水平线各一条。

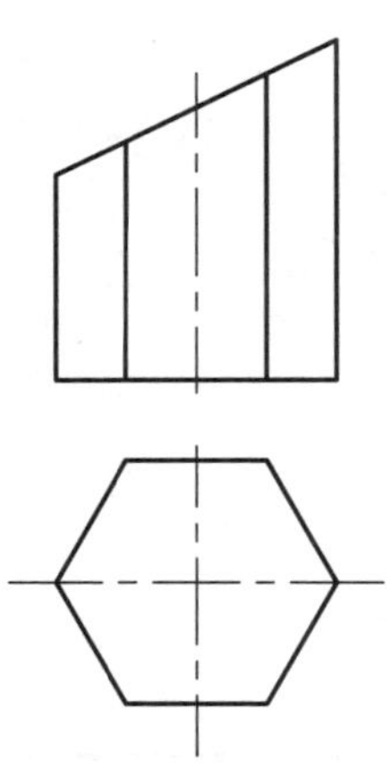

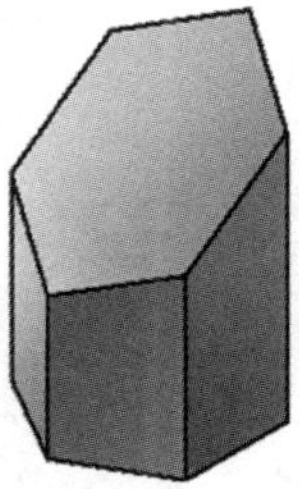

3. 绘制投影面垂直线的三面投影（尺寸自定），解释“一点两直线，定是垂直线；点在哪个面，垂直哪个面。”

（1）

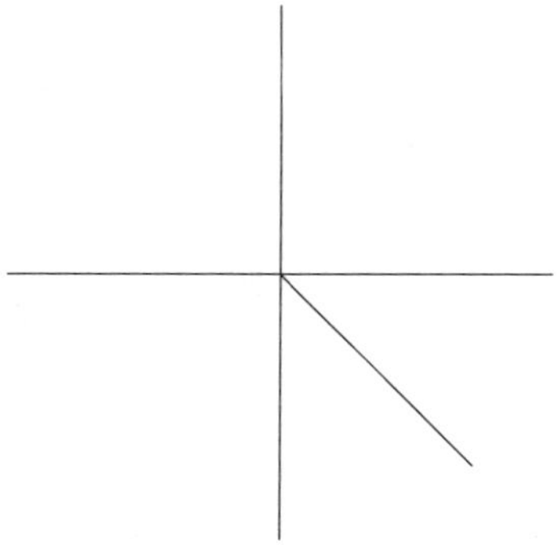

（2）

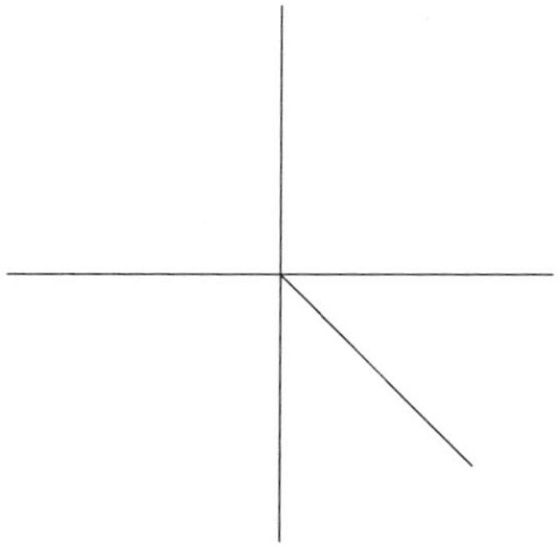

（3）

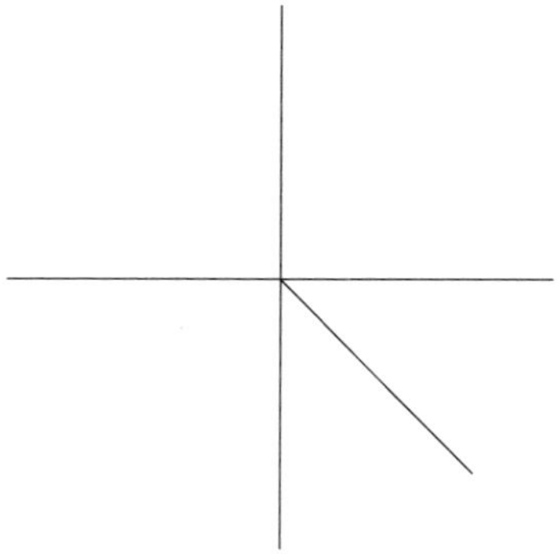

4. 补画三视图中所缺的图线，并在物体的立体图和三视图上标出投影面的三种垂直线各一条。

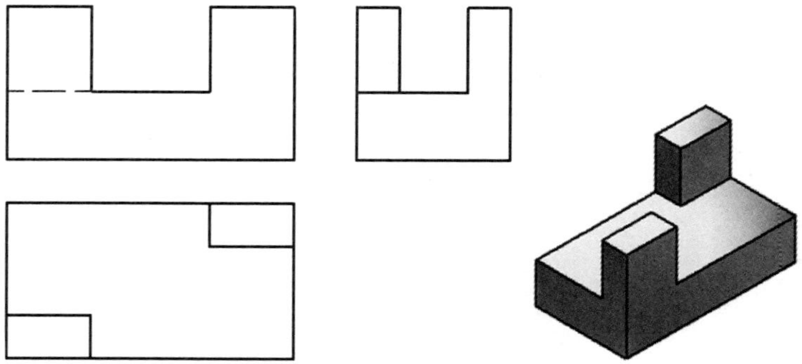

 班级：________ 姓名：________ 学号：________

5. 绘制投影面平行面的三面投影（尺寸自定），解释“一框两直线，定是平行面；框在哪个面，平行哪个面。”

（1）

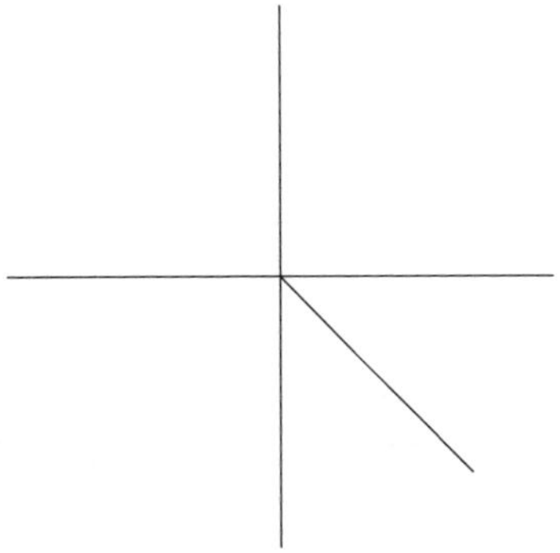

（2）

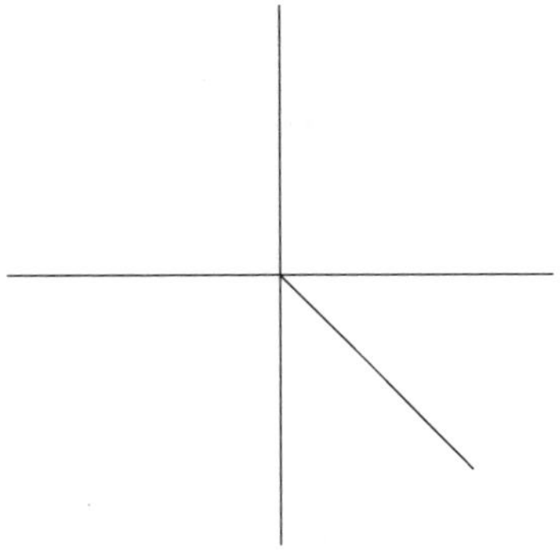

（3）

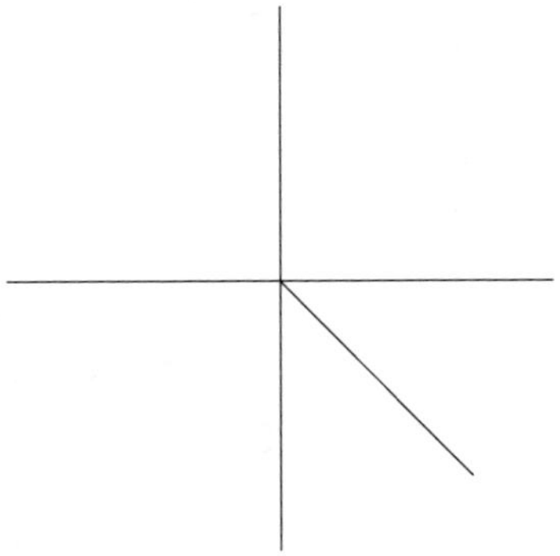

6. 补画三视图中所缺的图线，并在物体的立体图和三视图上标出投影面的三种平行面各一个。

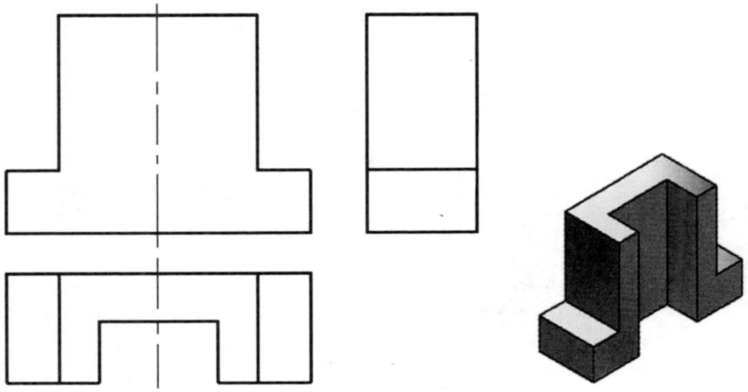

班级：________ 姓名：________ 学号：________

7. 绘制投影面垂直面的三面投影（尺寸自定），解释“两框一斜线，定是垂直面；斜线哪个面，垂直哪个面。”

（1）

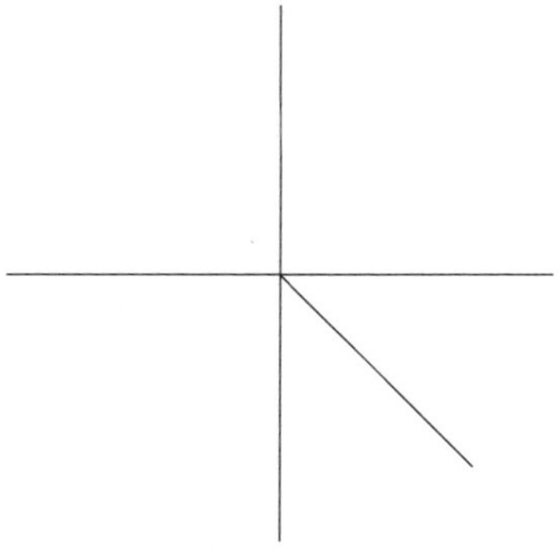

（2）

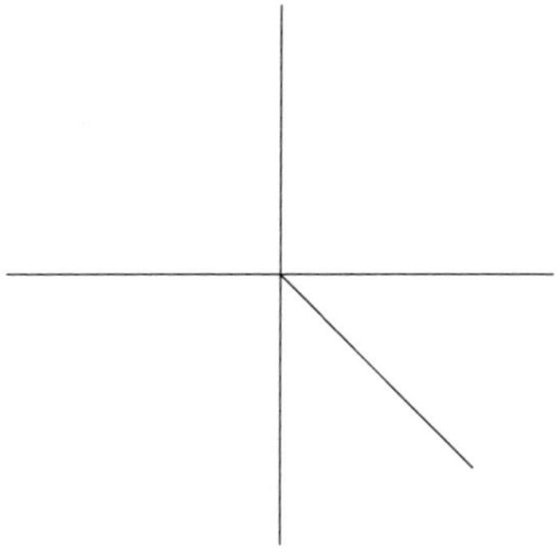

（3）

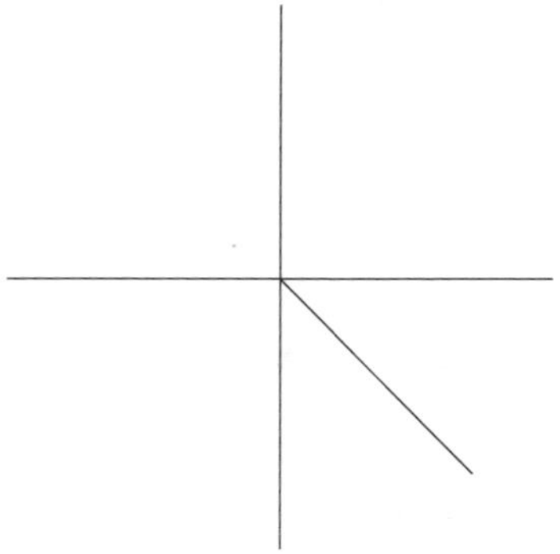

8. 观察被平面斜切后的正四棱柱三视图，并在其立体图和三视图上标出投影面的垂直面。（全部标出来）

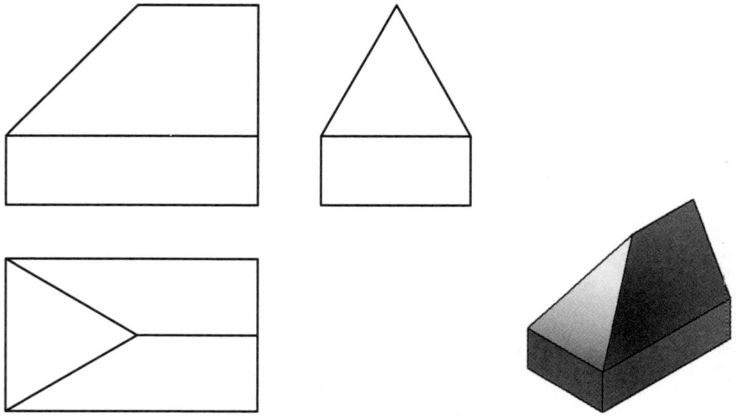

 班级：__________ 姓名：__________ 学号：__________

任务页 2-2

9. 画出平面立体的三视图，尺寸从立体图中量取（比例 1∶1）。

（1）

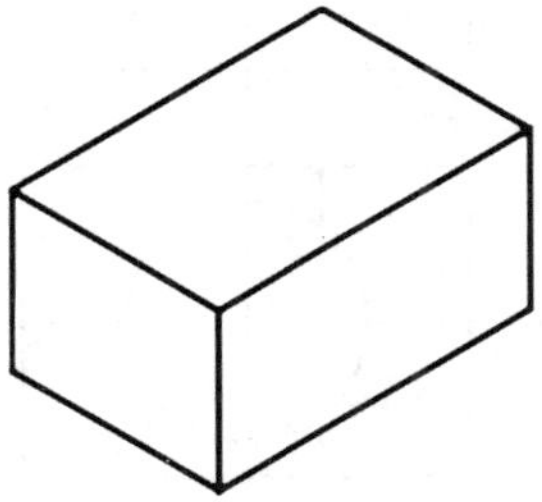

（2）

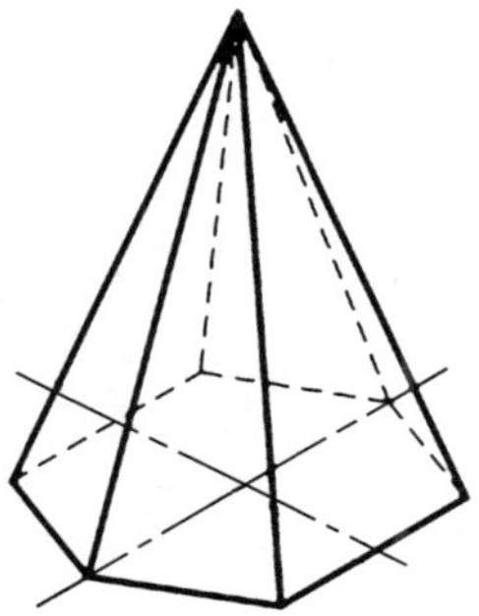

10. 根据立体图补画第三面视图。

（1）

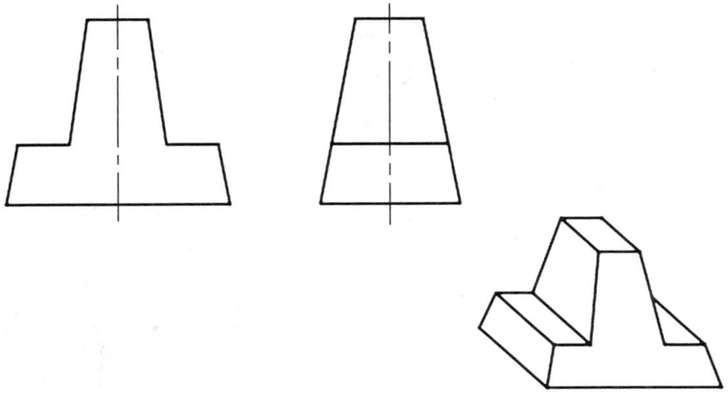

（2）

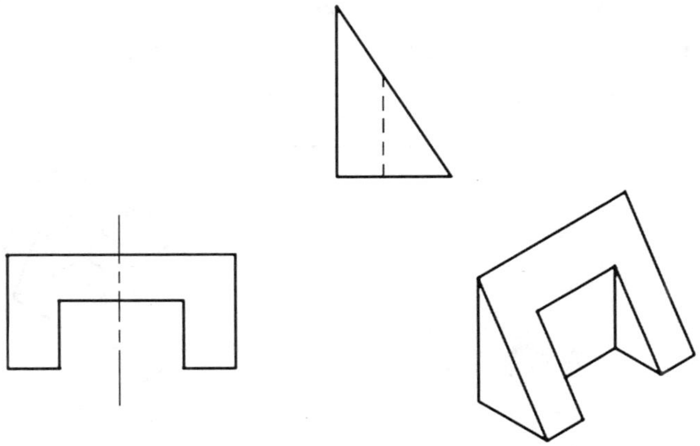

任务页 2-2

（3）

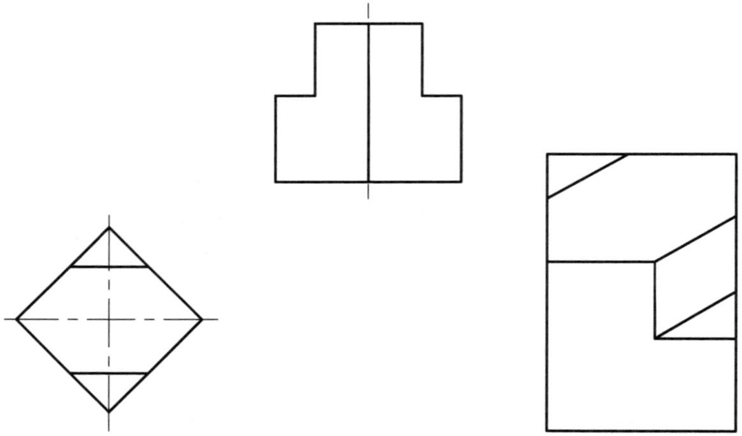

（4）

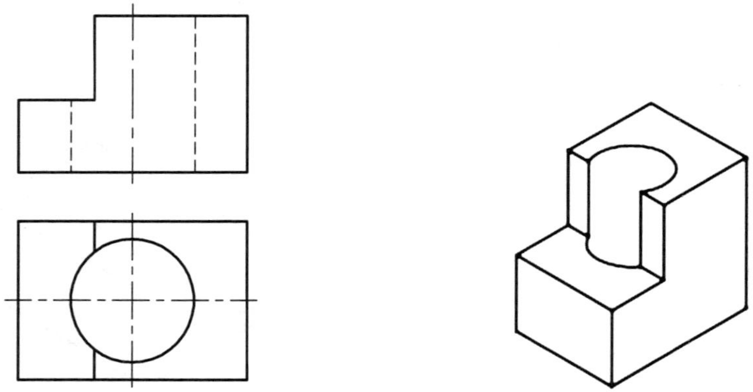

（5）

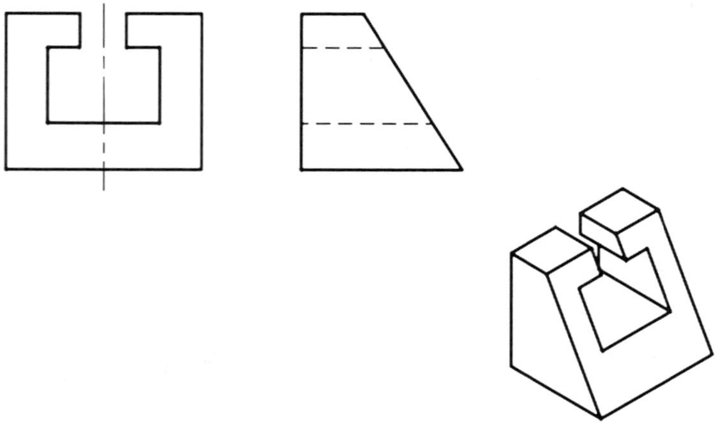

（6）

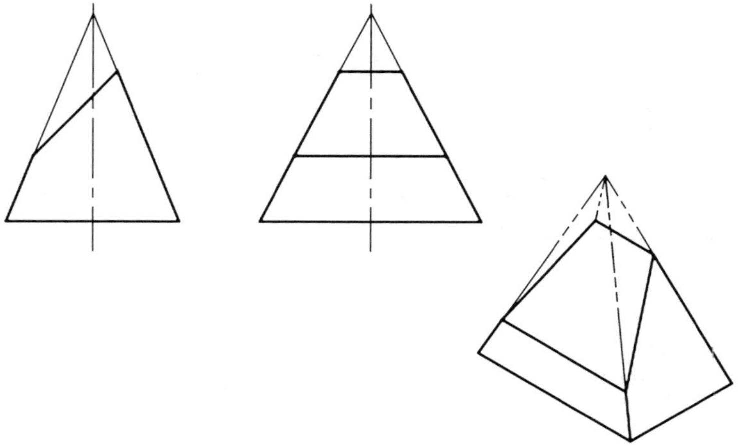

班级：__________ 姓名：__________ 学号：__________

任务页 2-2

11. 根据两面视图，补画物体的视图缺线及第三面视图。

（1）

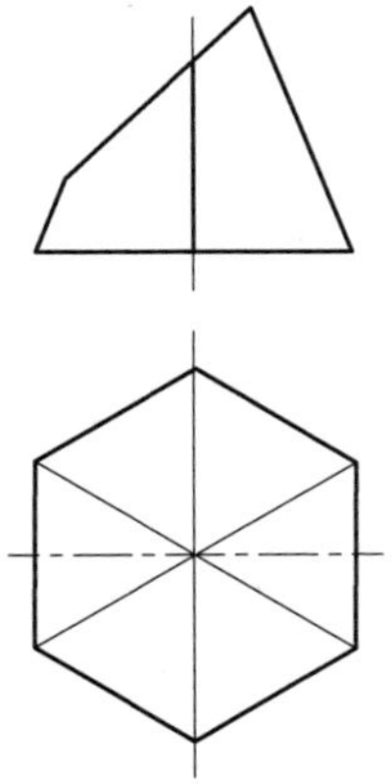

（2）

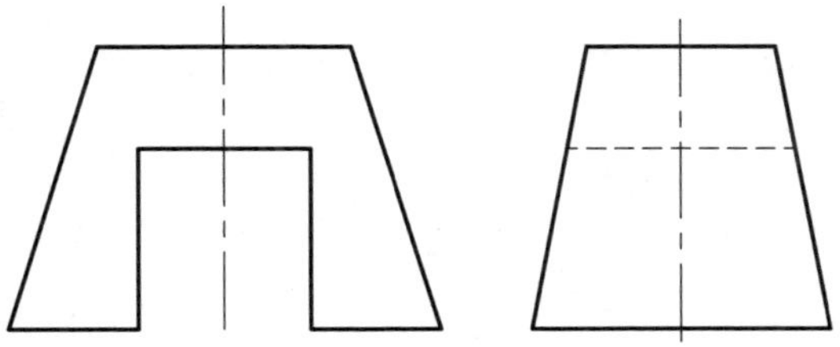

（3）

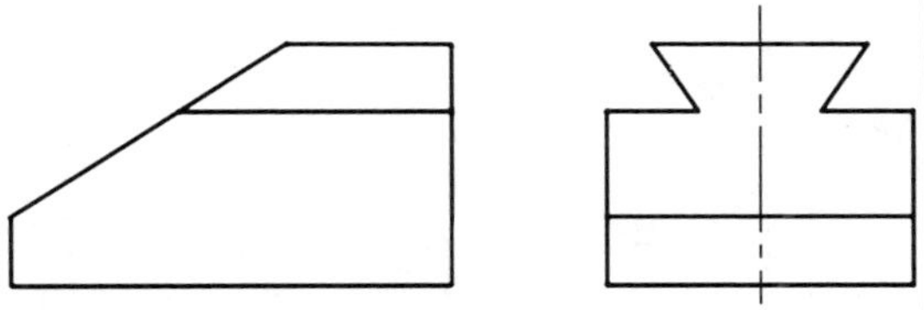

（4）

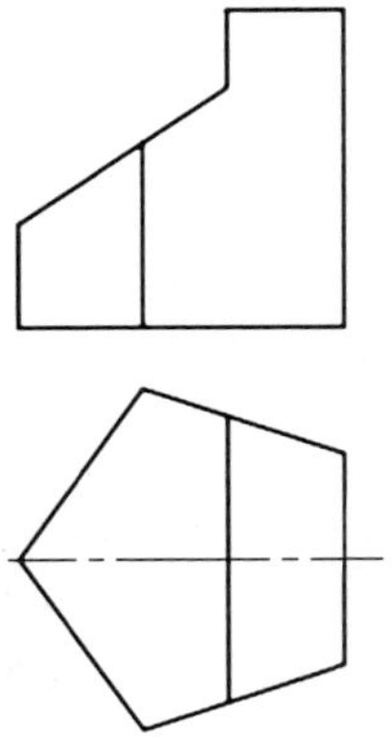

（5）

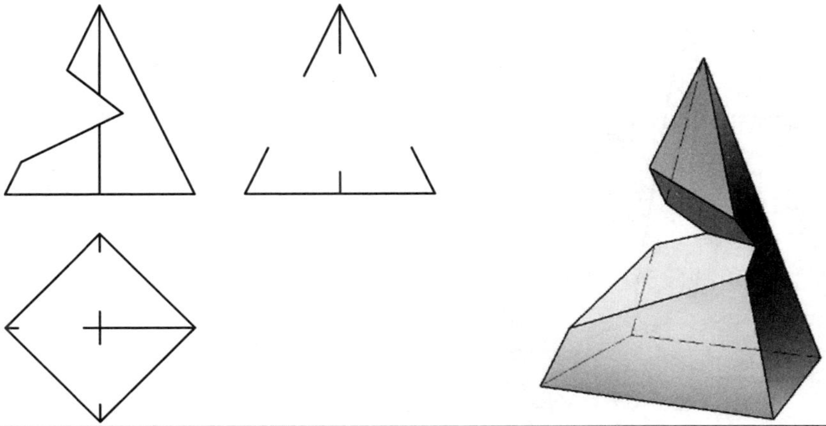

班级：________ 姓名：________ 学号：________

任务页 2–3

1. 画出曲面立体的三视图，尺寸从立体图中量取（比例 1∶1）。（徒手绘制和尺规绘制各一组）

（1）

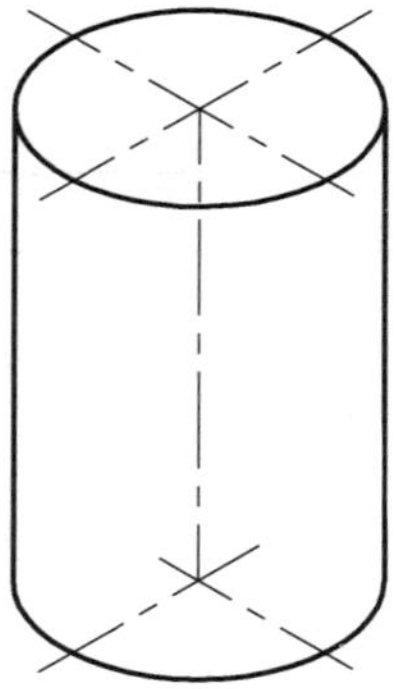

（2）

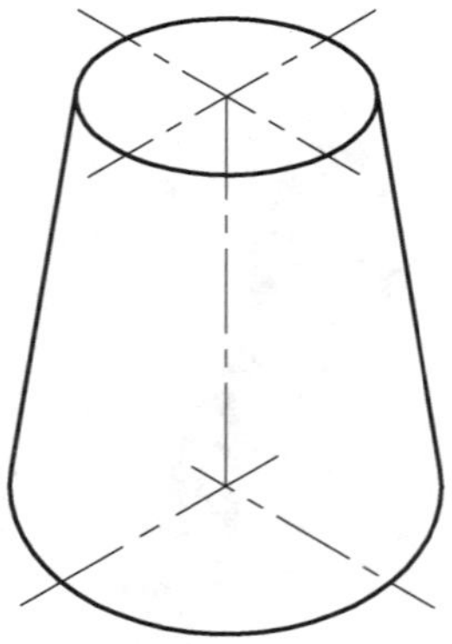

班级：__________ 姓名：__________ 学号：__________

2. 补画不完整回转体的第三面视图。

（1）

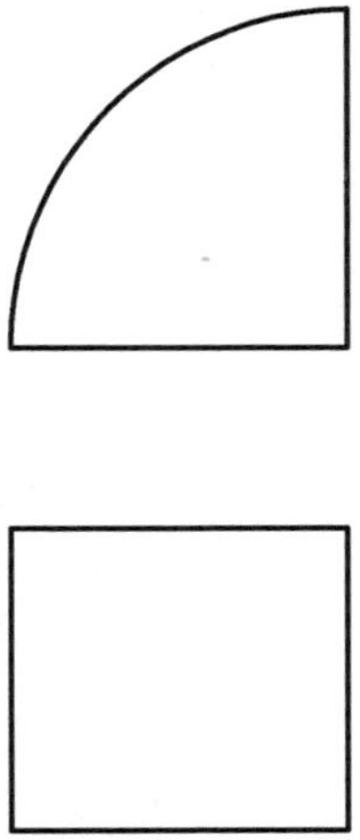

（2）

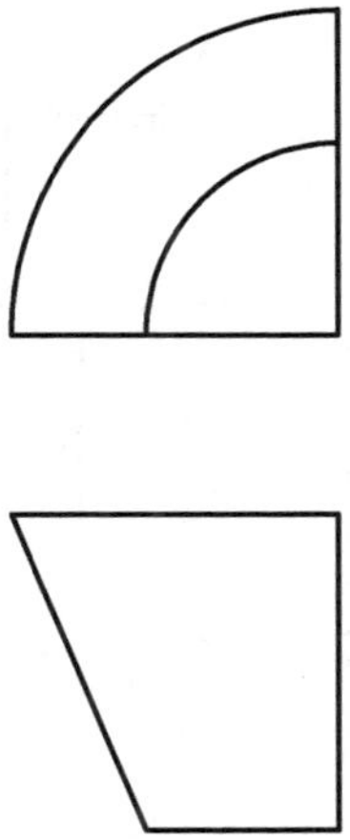

（3）

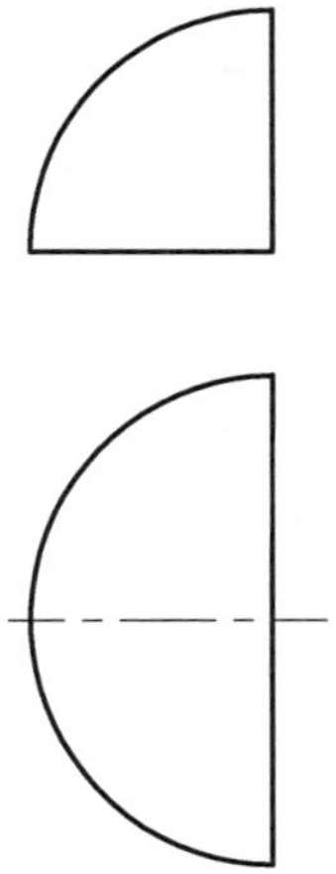

（4）

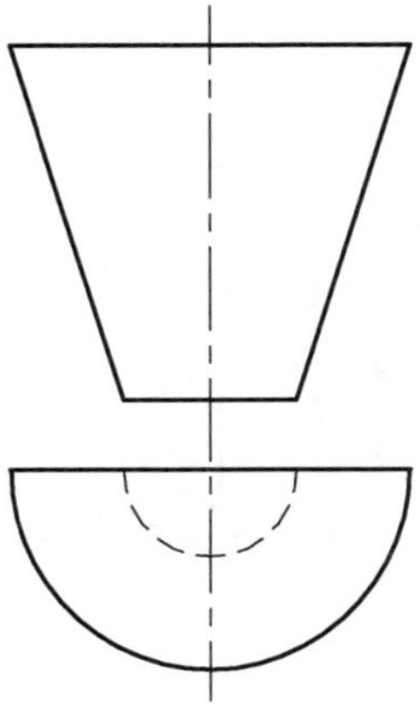

（5）

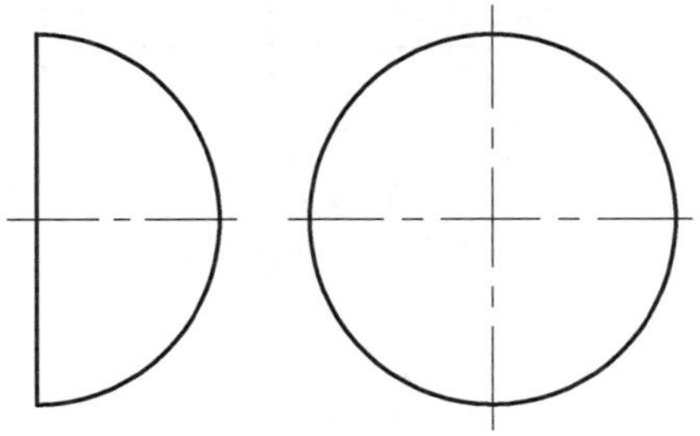

（6）

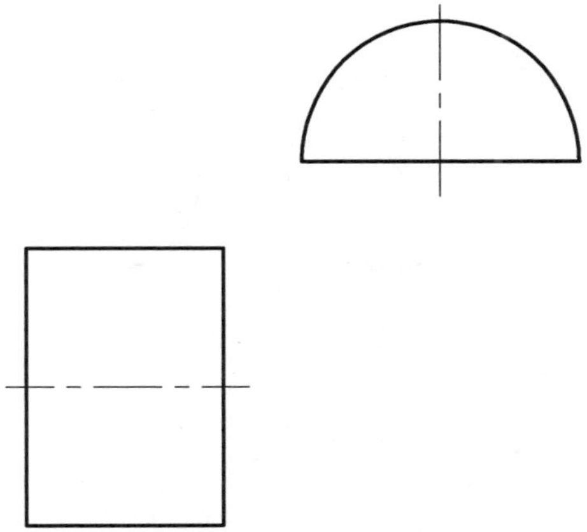

班级：________ 姓名：________ 学号：________

3. 根据立体图补画第三面视图及补画视图缺线。

（1）

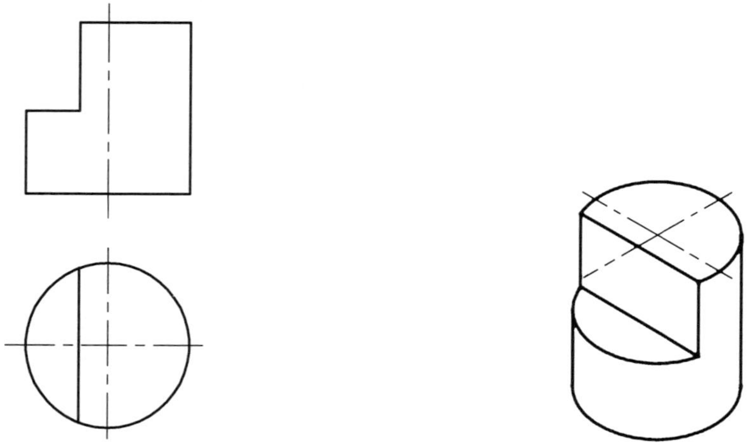

（2）

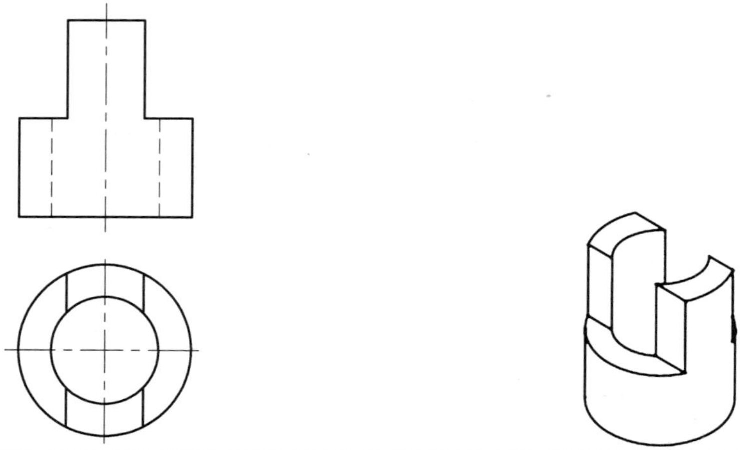

（3）

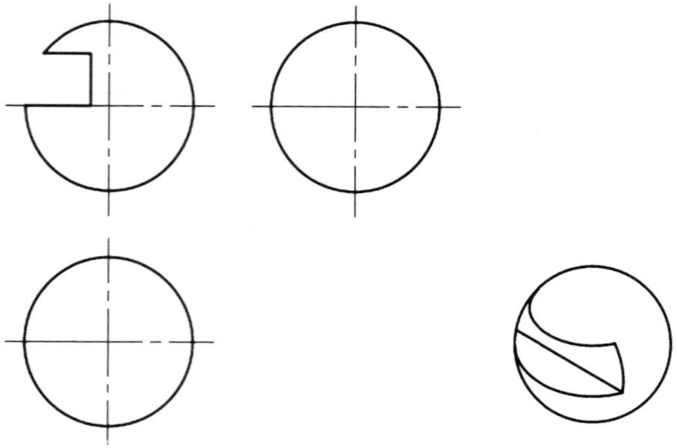

（4）

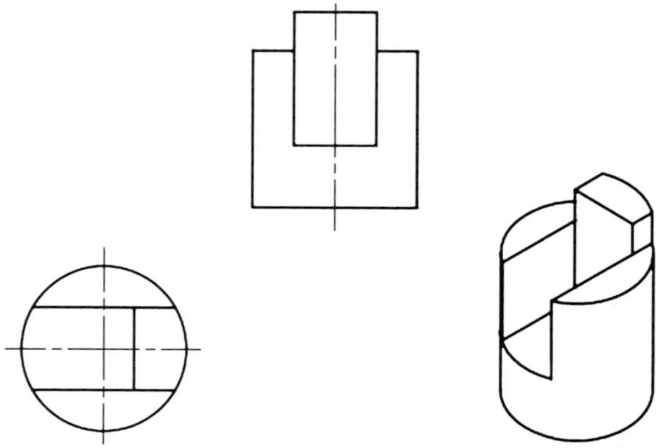

班级：________　姓名：________　学号：________

4. 根据两面视图，补画第三面视图。

（1）

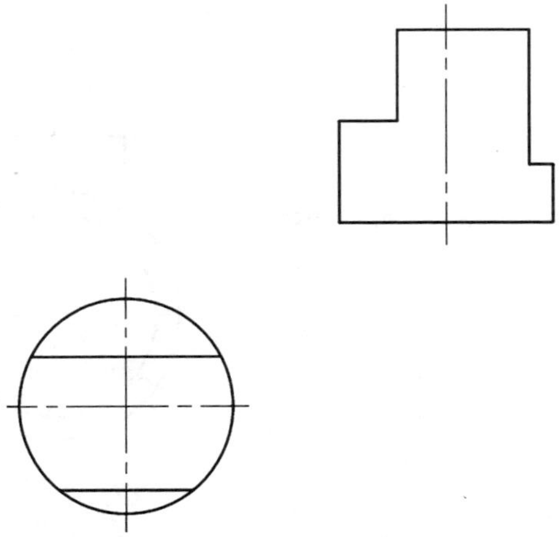

（2）

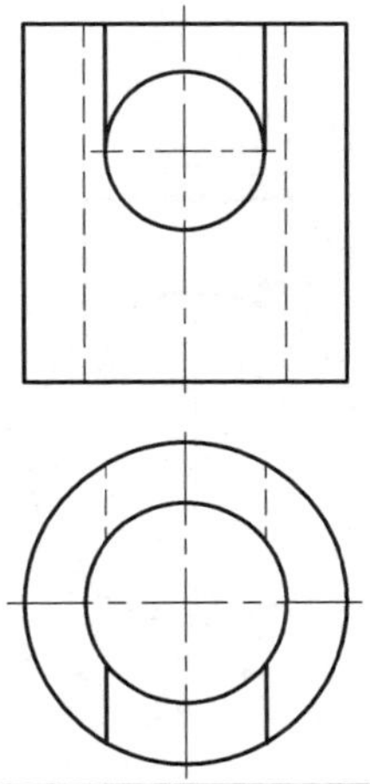

（3）

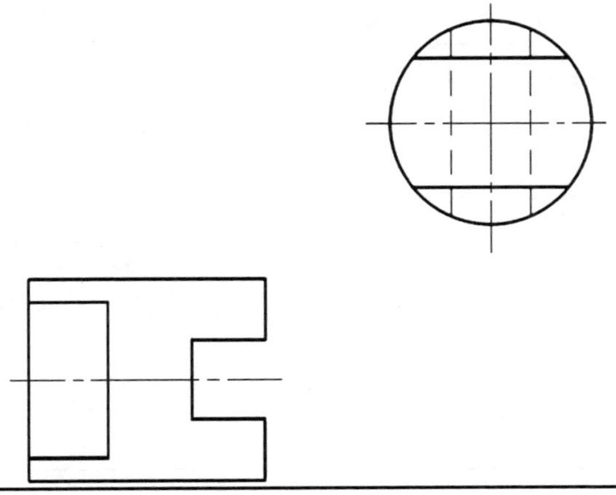

（4）

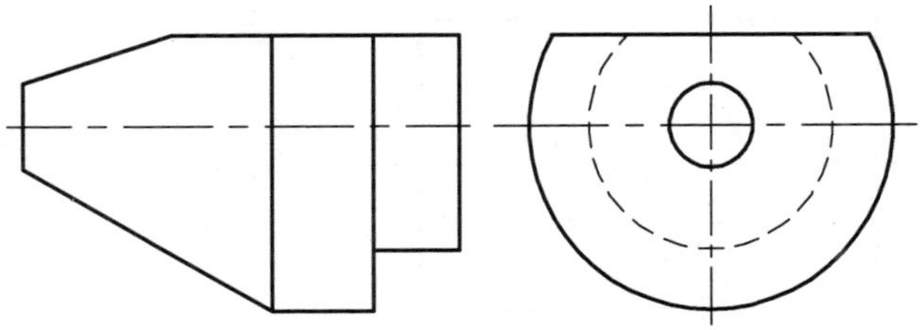

班级：____________ 姓名：____________ 学号：____________

任务页 2-4

1. 求作相贯线。（保留作图辅助线）

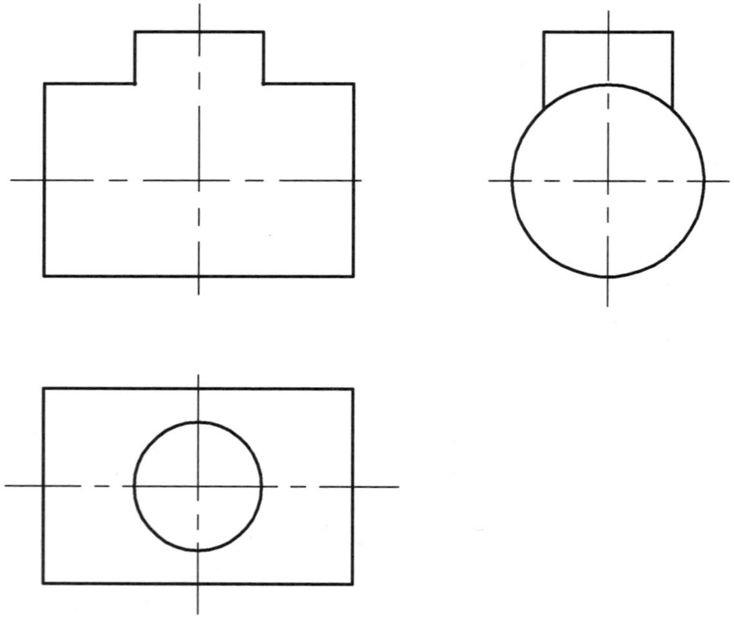

2. 求作第三视图（用简化画法作相贯线）

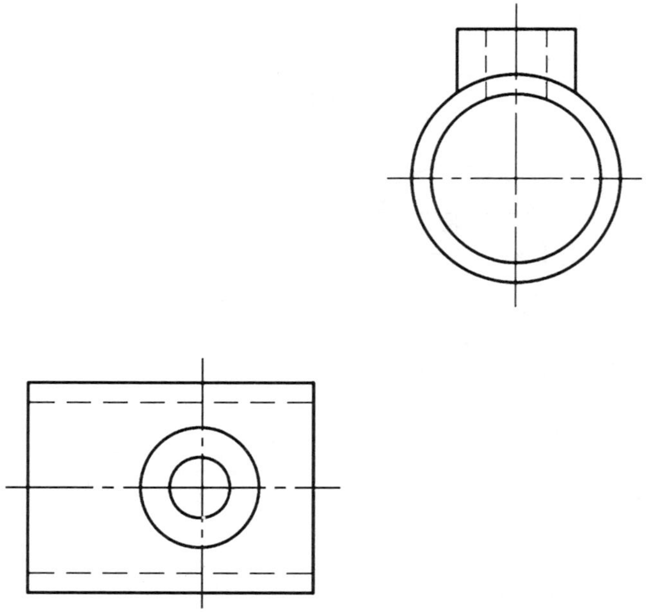

班级：________ 姓名：________ 学号：________

任务页 2-4

3. 求作特殊情况下的相贯线。

（1）

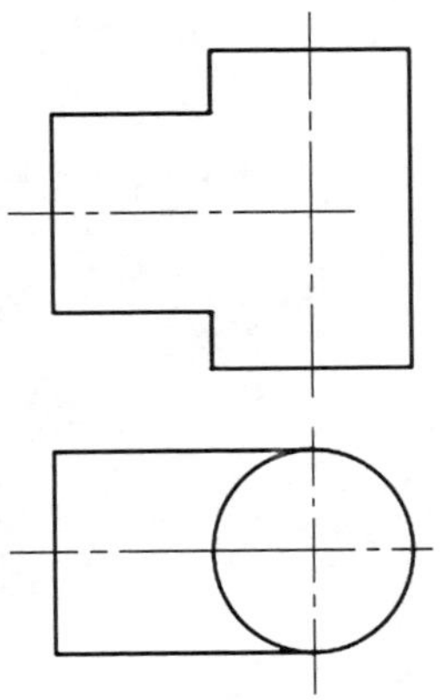

（2）

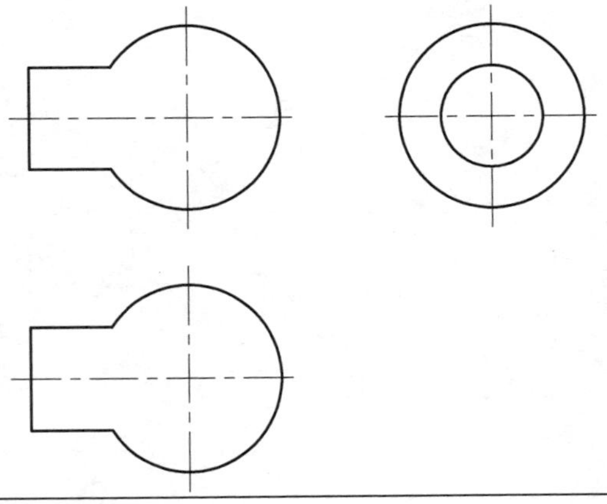

（3）

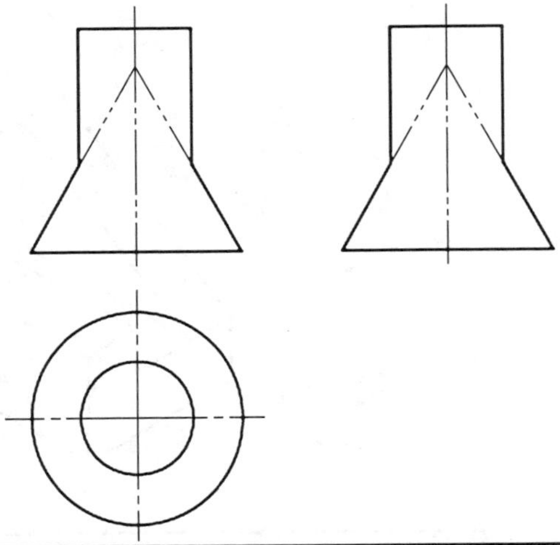

（4）

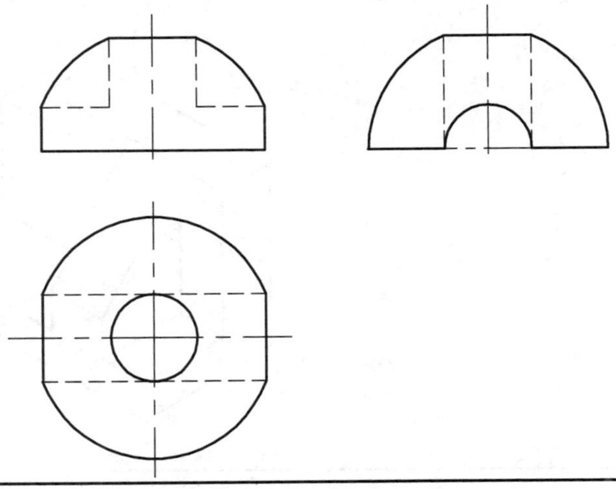

班级：________ 姓名：________ 学号：________

4. 根据立体图画三视图（尺寸从图中量取，孔为通孔）。

（1）

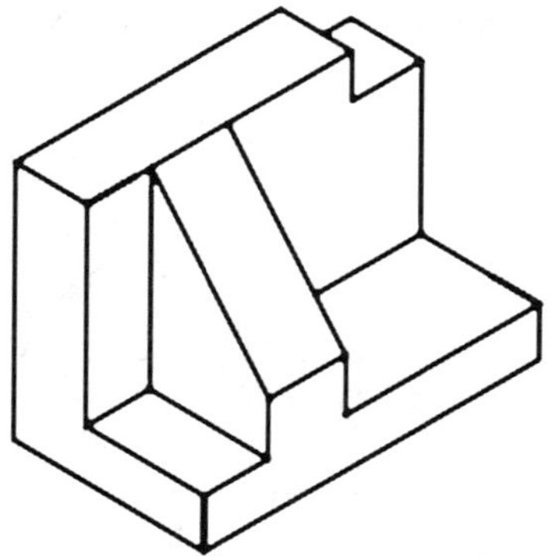

（2）

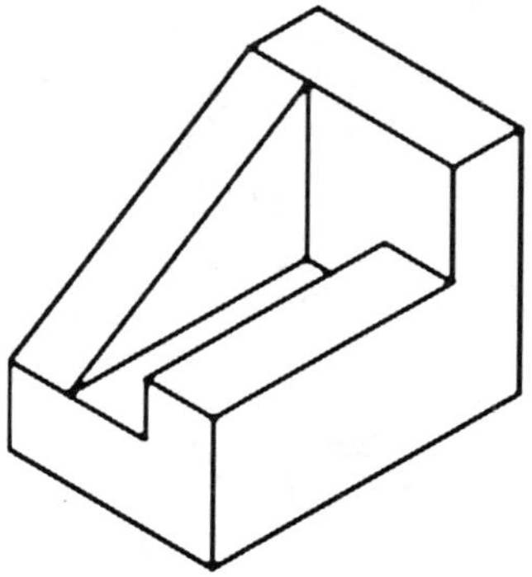

班级：________ 姓名：________ 学号：________

任务页 2-4

（3）

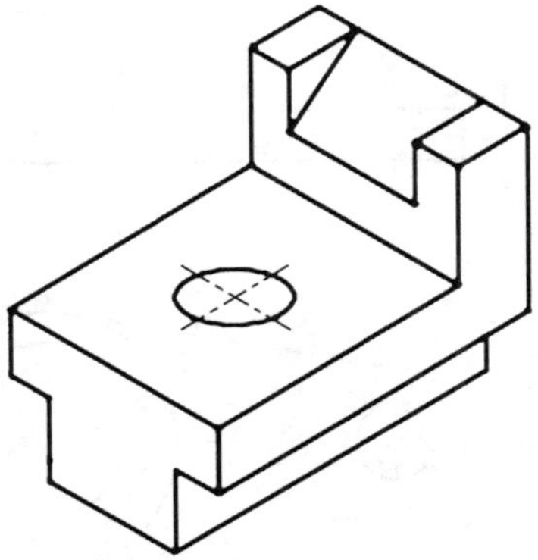

（4）

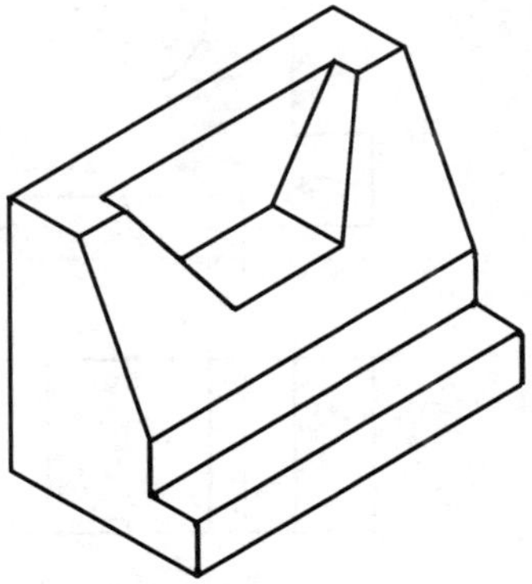

班级：________ 姓名：________ 学号：________

任务页 2-5

1. 补充视图中遗漏的尺寸。

(1)

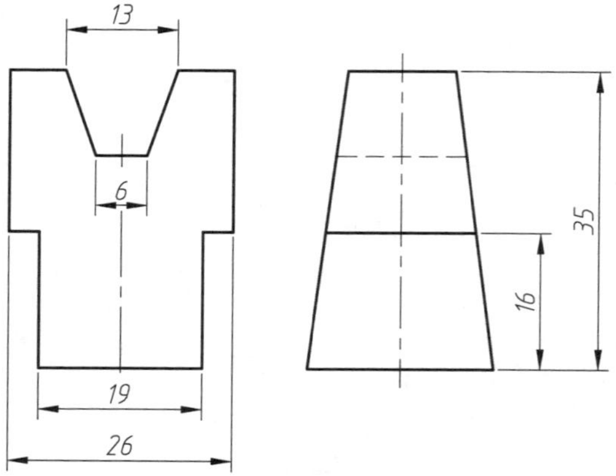

(2)

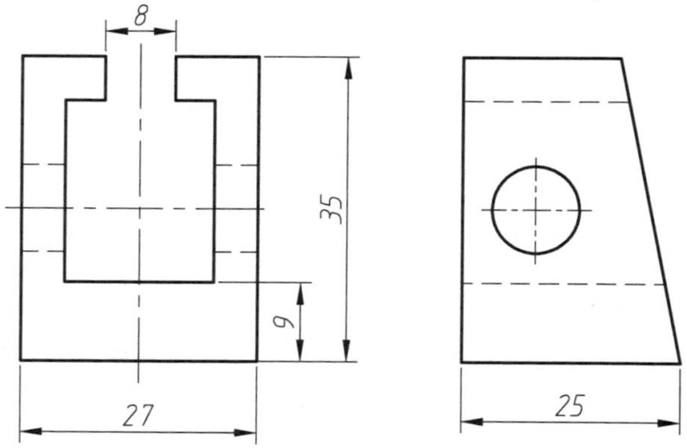

(3)

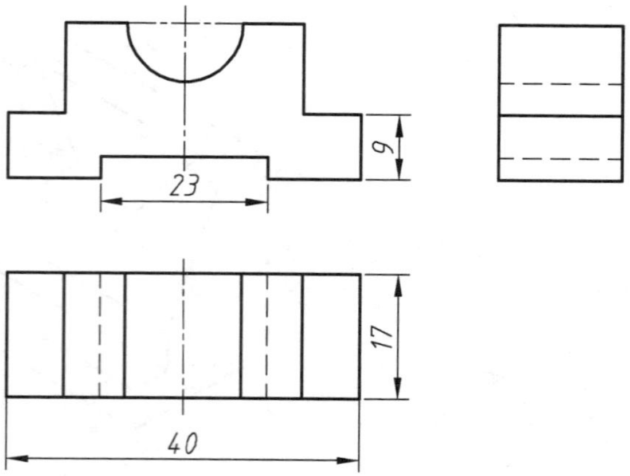

(4)

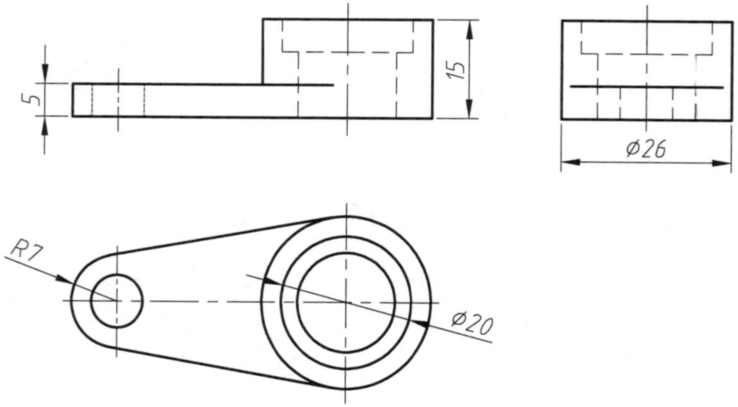

班级：________ 姓名：________ 学号：________

任务页 2–5

2. 标注尺寸（尺寸数值从图中量取，取整数）。

（1）

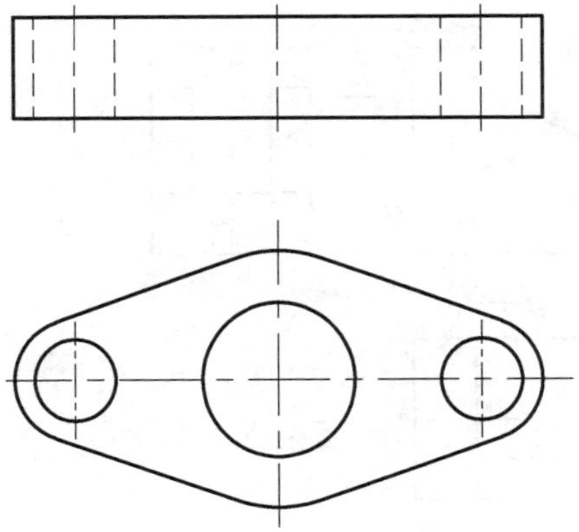

（2）

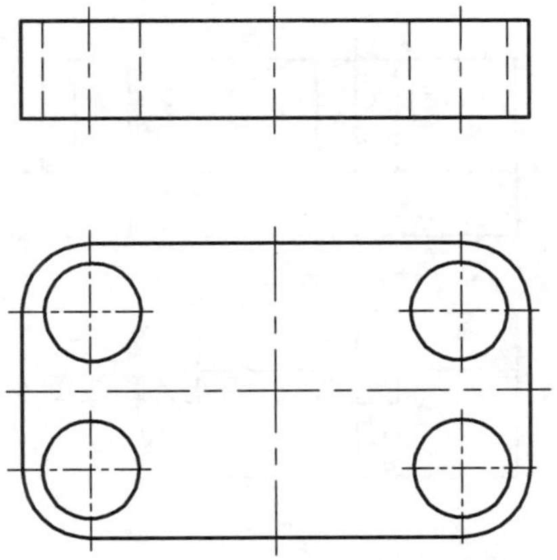

（3）

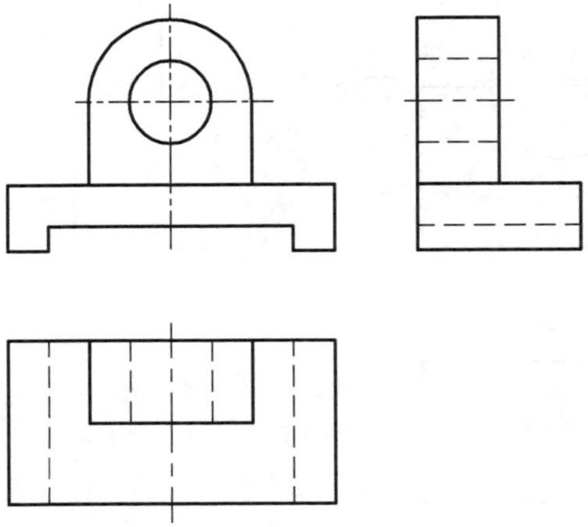

（4）

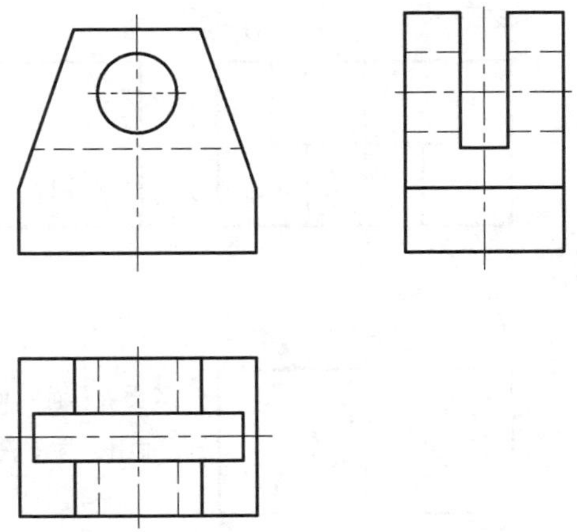

任务页 2-6

1. 判别下图中所指线框的相对位置。

（1）

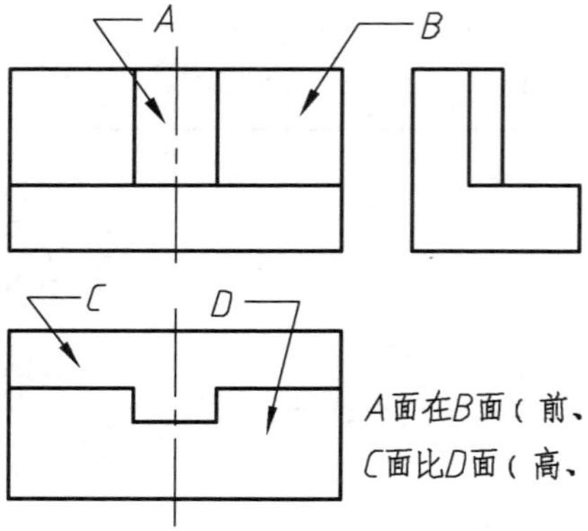

A面在B面（前、后）。
C面比D面（高、低）。

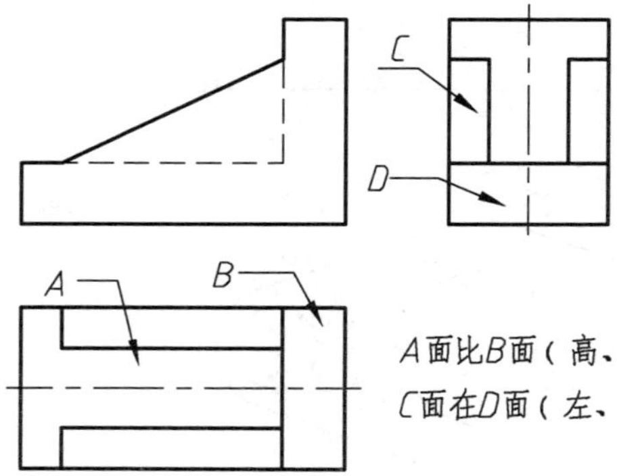

A面比B面（高、低）。
C面在D面（左、右）。

（2）

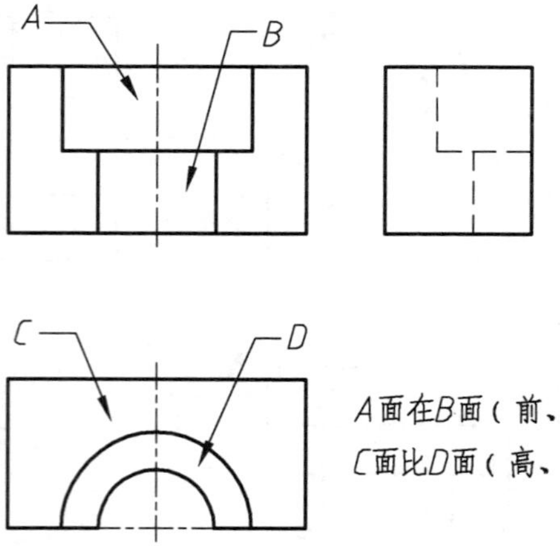

A面在B面（前、后）。
C面比D面（高、低）。

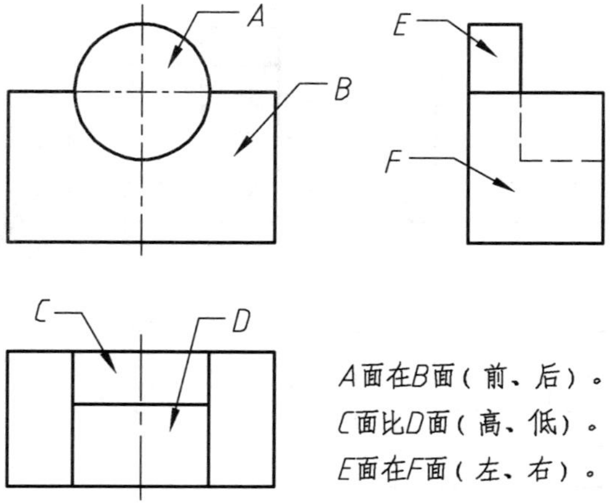

A面在B面（前、后）。
C面比D面（高、低）。
E面在F面（左、右）。

班级：________ 姓名：________ 学号：________

2. 补画视图中所缺的图线。

（1）

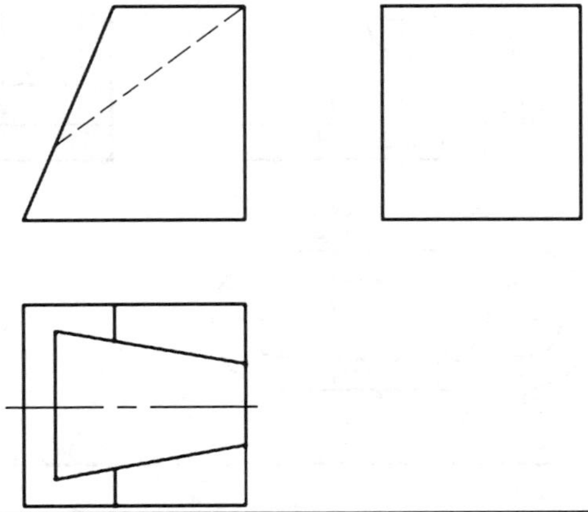

（2）

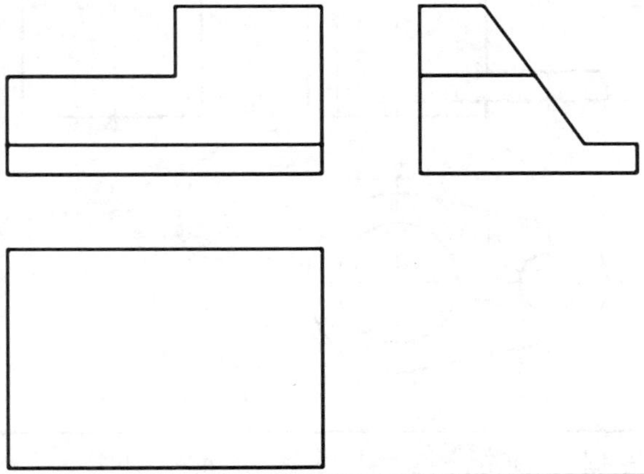

（3）

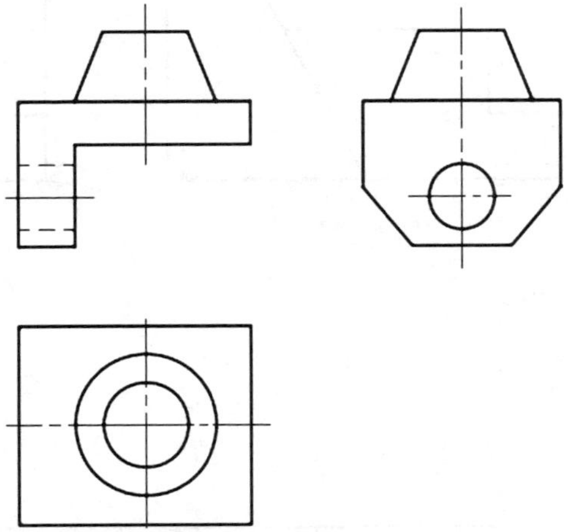

（4）

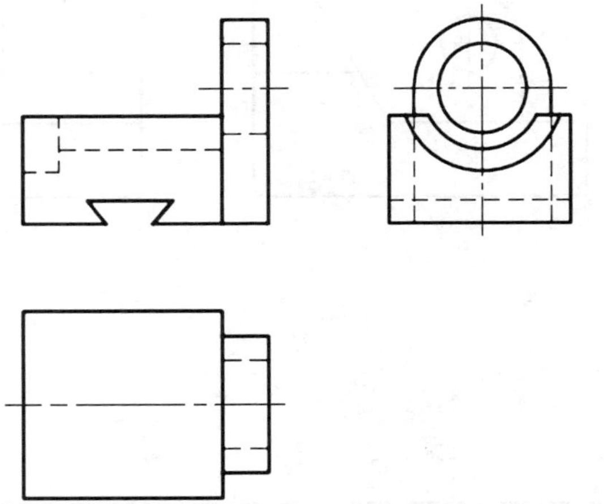

班级：________ 姓名：________ 学号：________

任务页 2-6

（5）

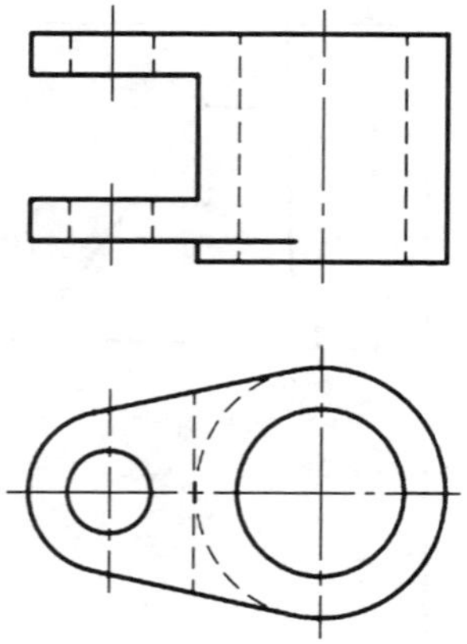

（6）

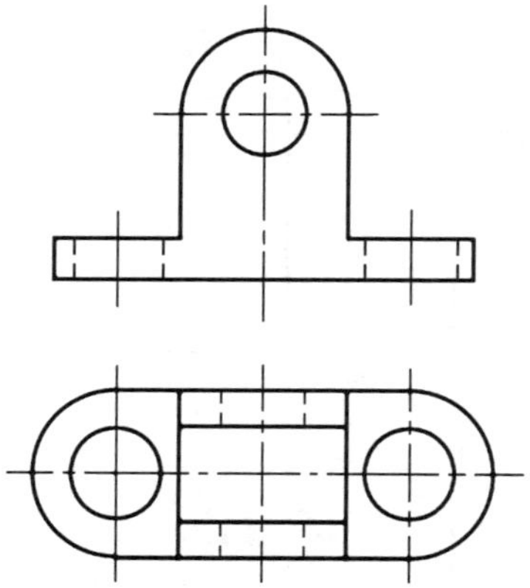

3. 根据两面视图，补画第三面视图。

（1）

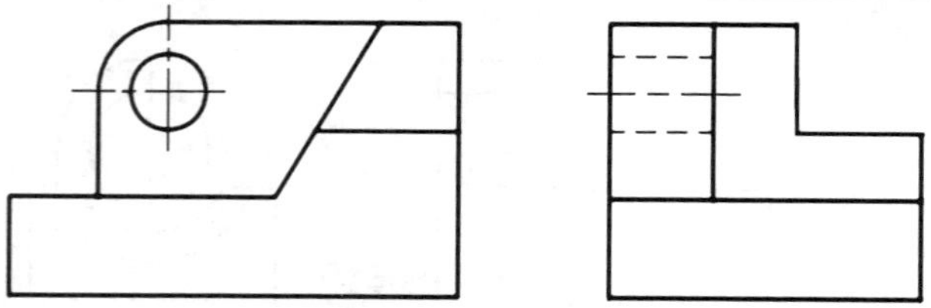

（2）

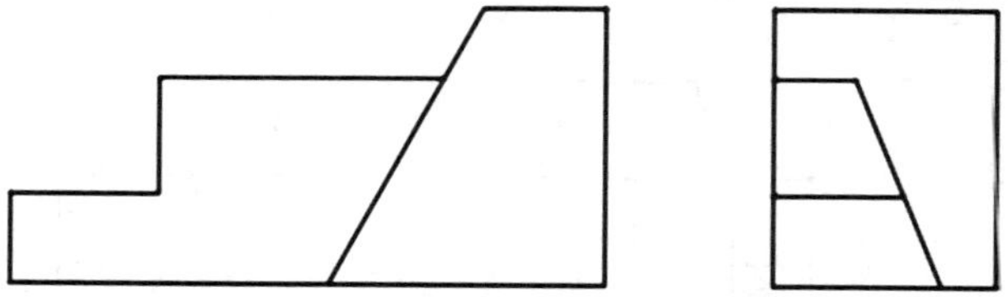

班级：________ 姓名：________ 学号：________

任务页 2-6

（3）

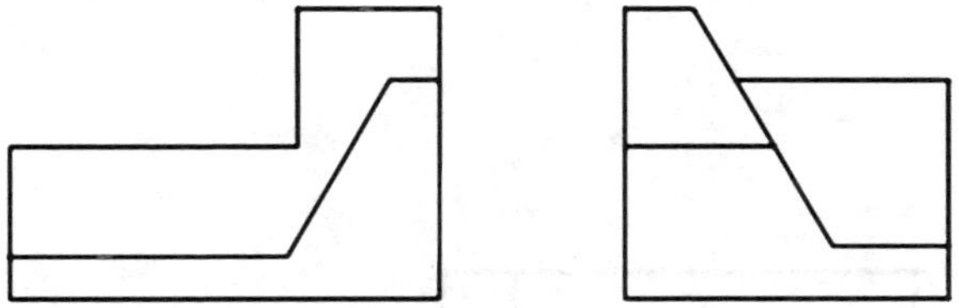

（4）

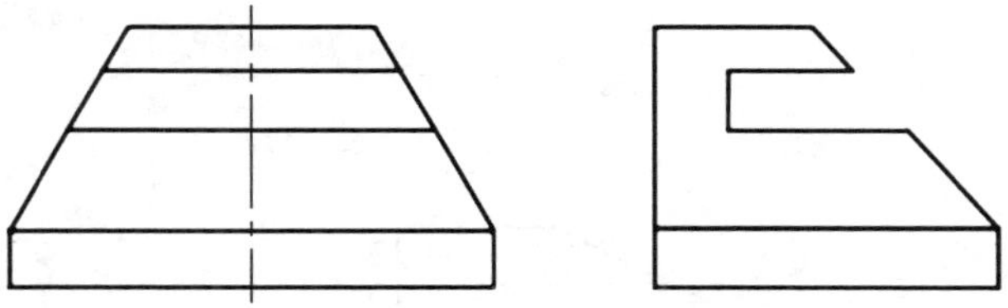

（5）

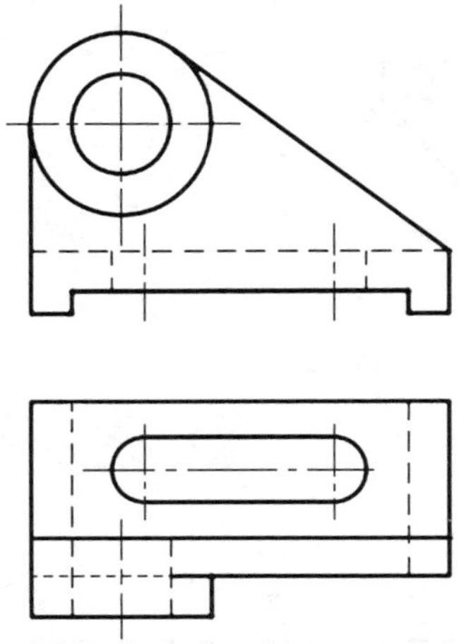

（6）

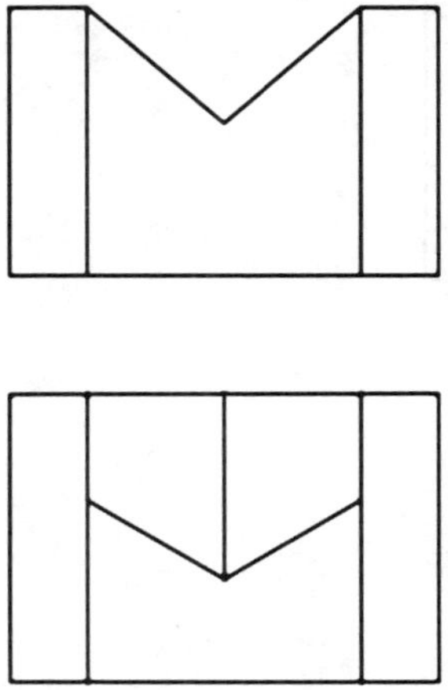

任务页 2-6

（7）

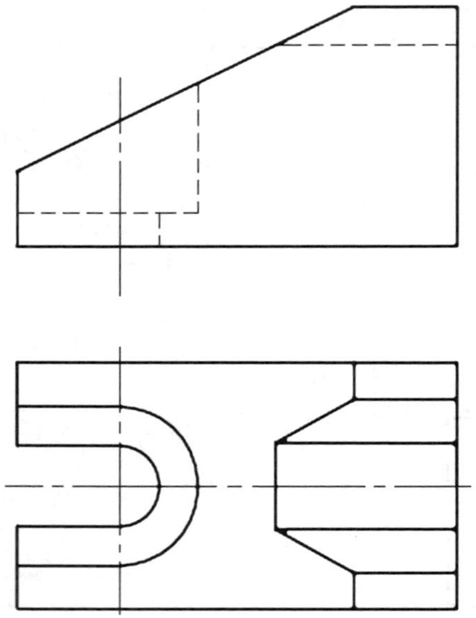

（8）

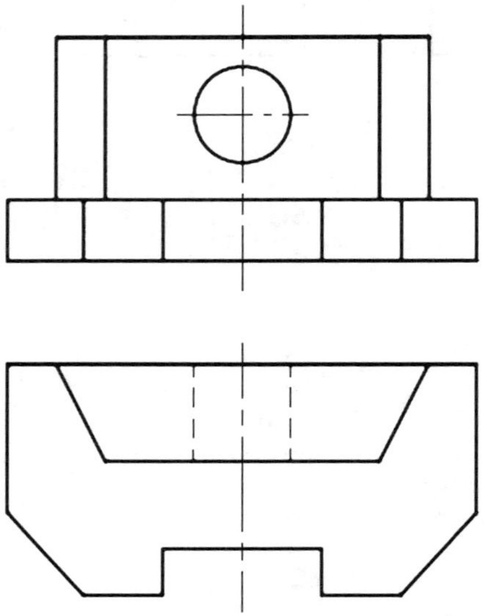

班级：__________ 姓名：__________ 学号：__________

任务页 3-1

作如图所示立体的正等测图（尺寸由图中直接量取）。

（1）

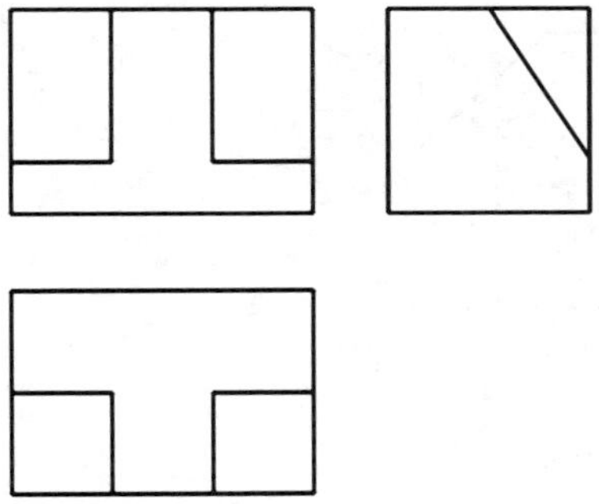

（2）

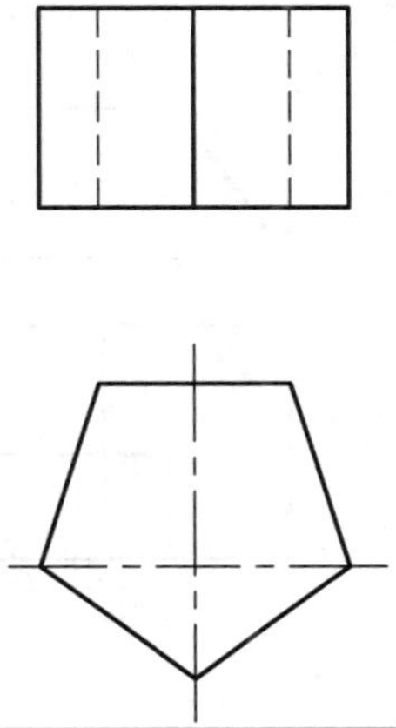

（3）

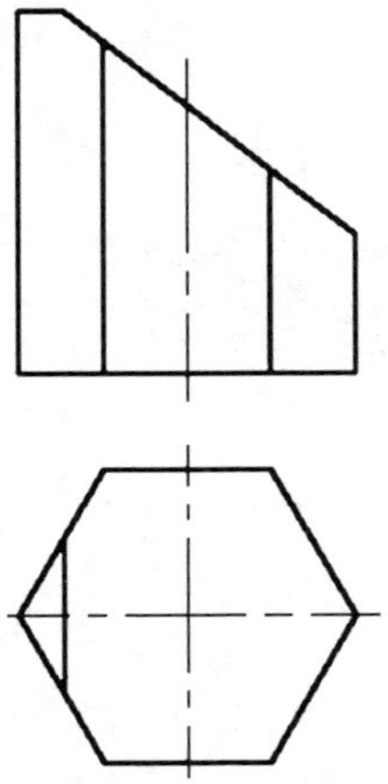

（4）

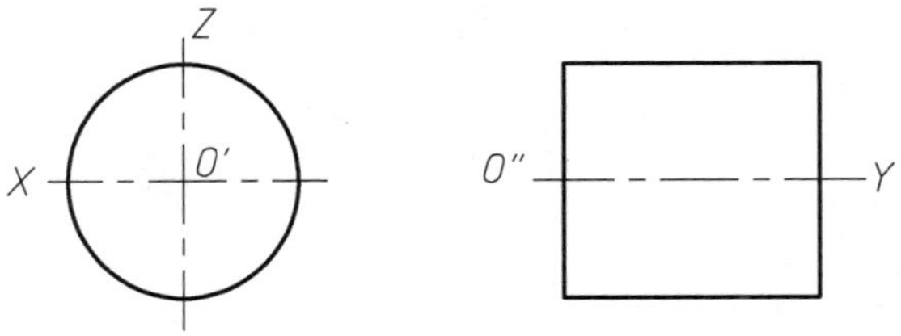

任务页 3-2

1. 作所示立体的正等测图（尺寸由图中直接量取）。

（1）

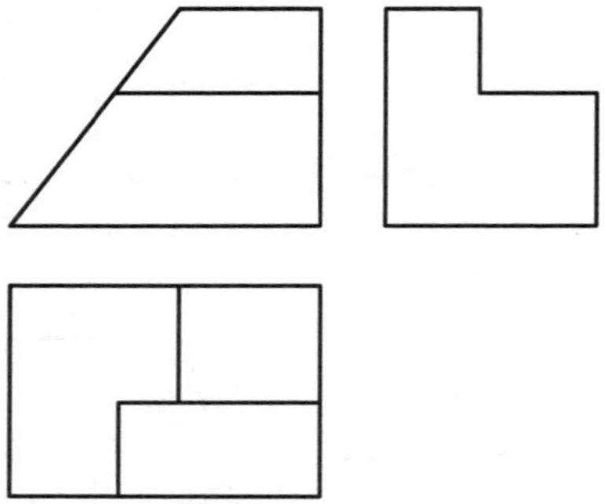

（2）

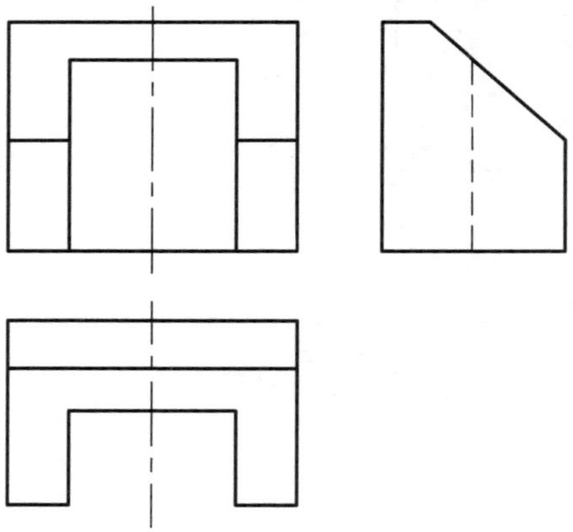

班级：________ 姓名：________ 学号：________

2. 作所示立体的正等测图（尺寸由图中直接量取）。

（1）

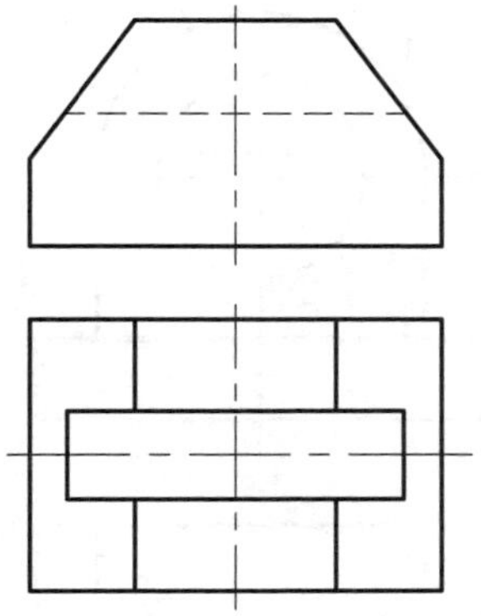

（2）

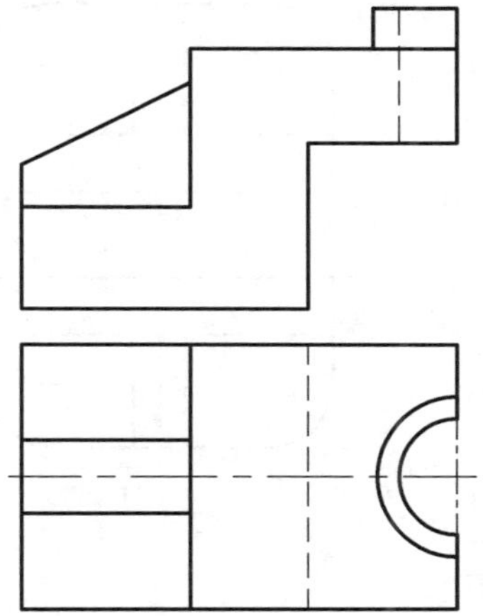

3. 作所示立体的正等测图（尺寸由图中直接量取）。

（1）

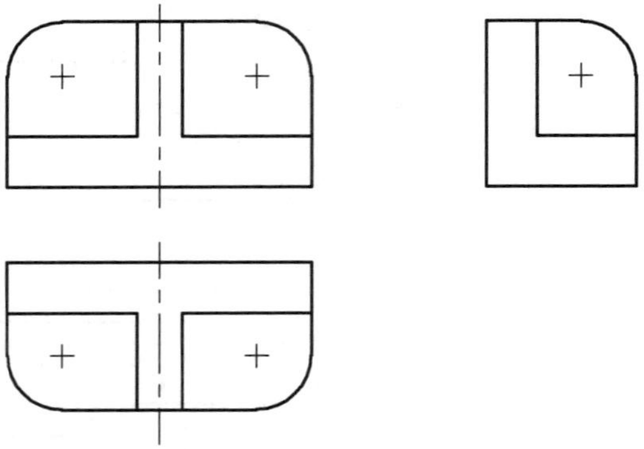

（2）

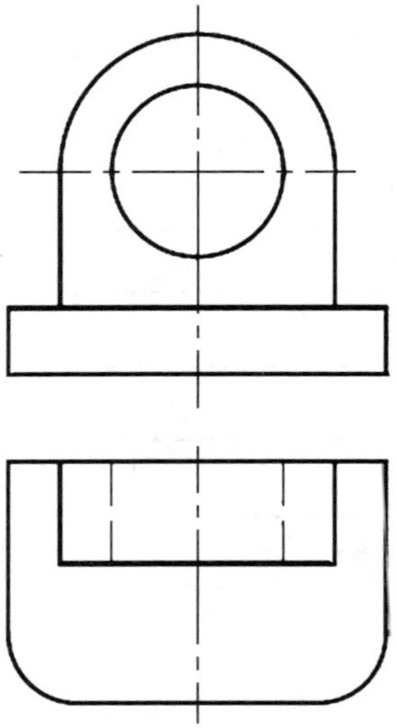

班级：________ 姓名：________ 学号：________

4. 根据给出的视图画正等测图，要求：用 A4 图纸，横放，比例自定，图形布置要均匀。

（1）

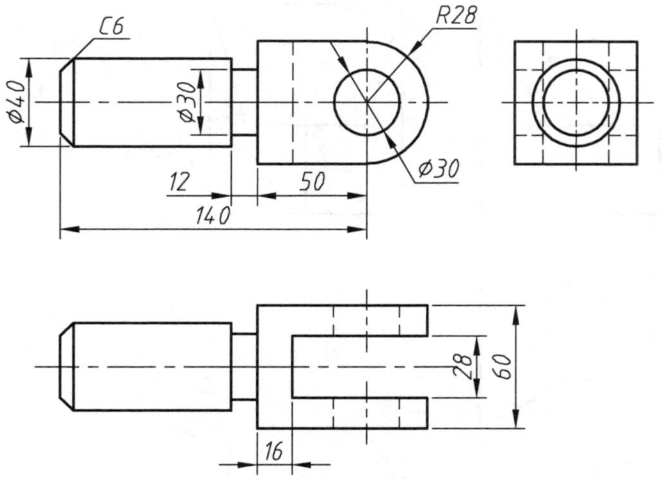

（2）

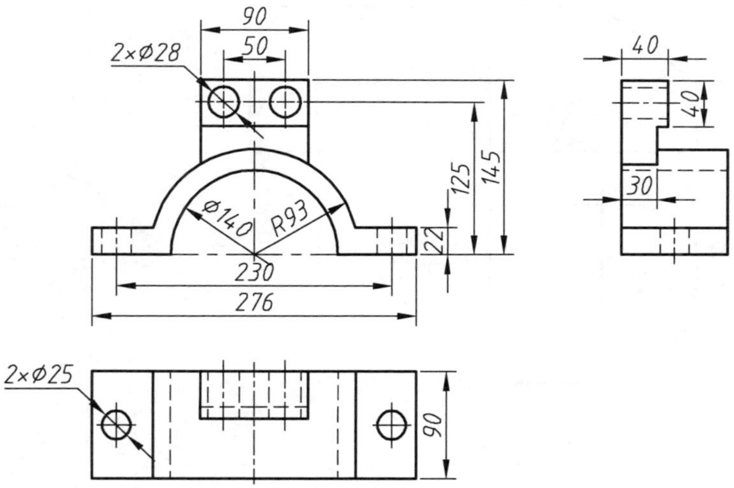

任务页 3–3

1. 作所示立体的斜二测图（尺寸由图中直接量取）。

（1）

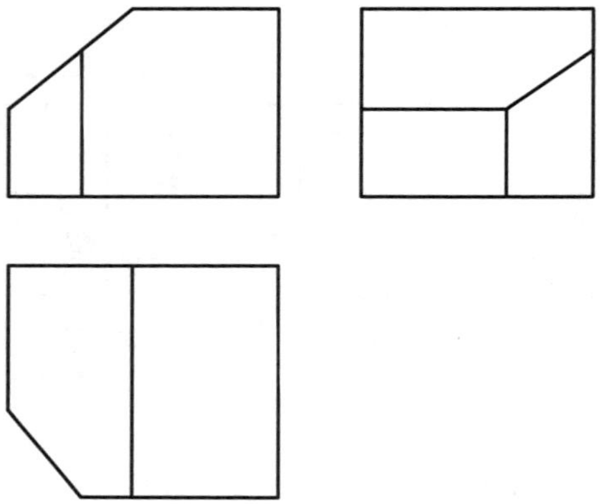

（2）

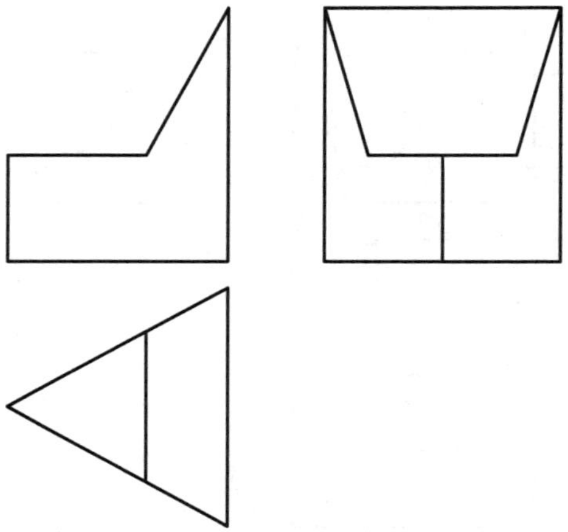

任务页 3–3

2. 作所示立体的斜二测图（尺寸由图中直接量取）。

（1）

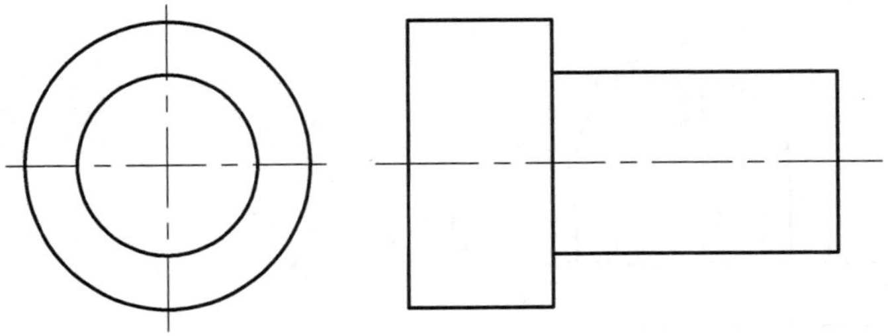

（2）

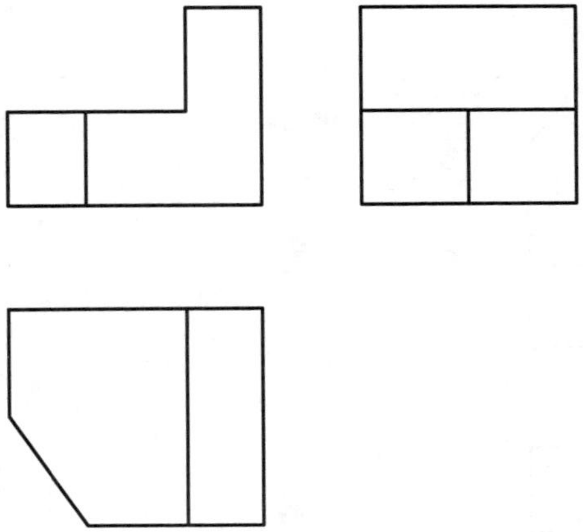

班级：________ 姓名：________ 学号：________

1. 作所示立体的斜二测图（尺寸由图中直接量取）。

（1）

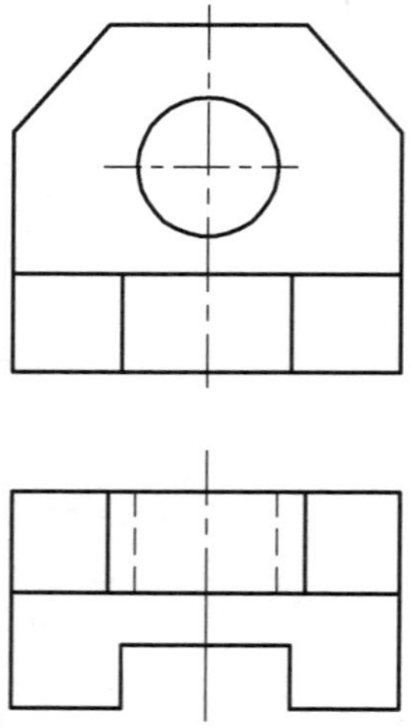

（2）

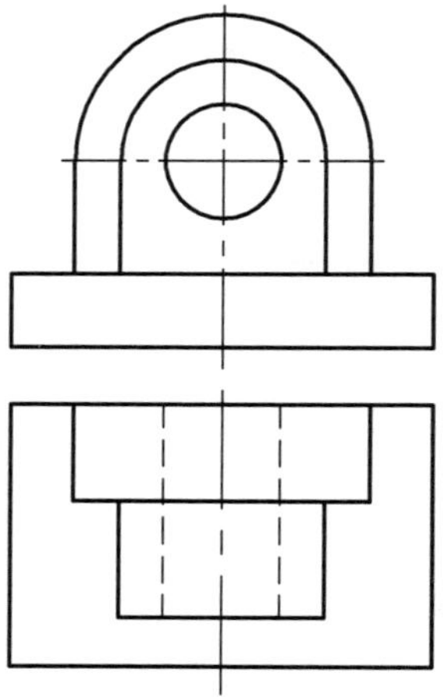

班级：________ 姓名：________ 学号：________

2. 作所示立体的斜二测图（尺寸由图中直接量取）。

（1）

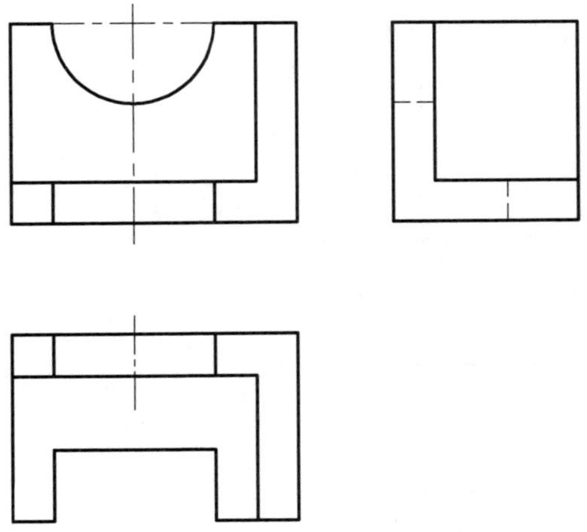

（2）

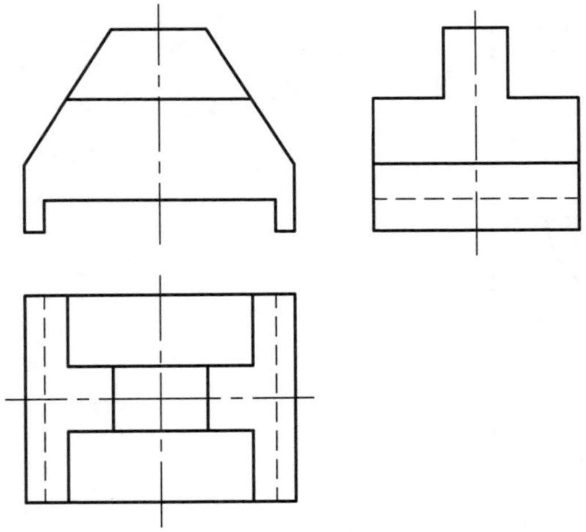

3. 作所示立体的斜二测图（尺寸由图中直接量取）。

（1）

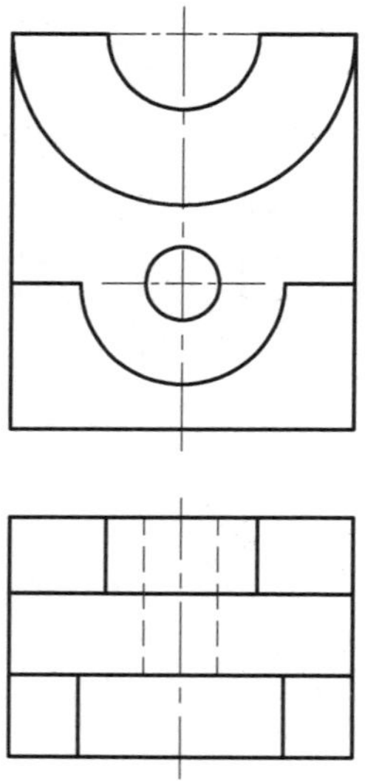

（2）

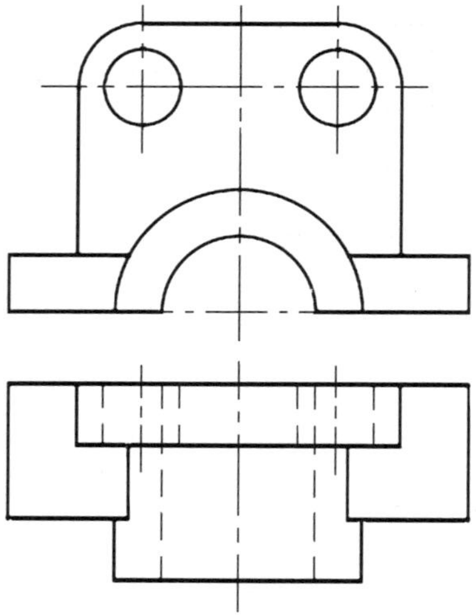

班级：________ 姓名：________ 学号：________

4. 作所示立体的斜二测剖视图（尺寸由图中直接量取）。

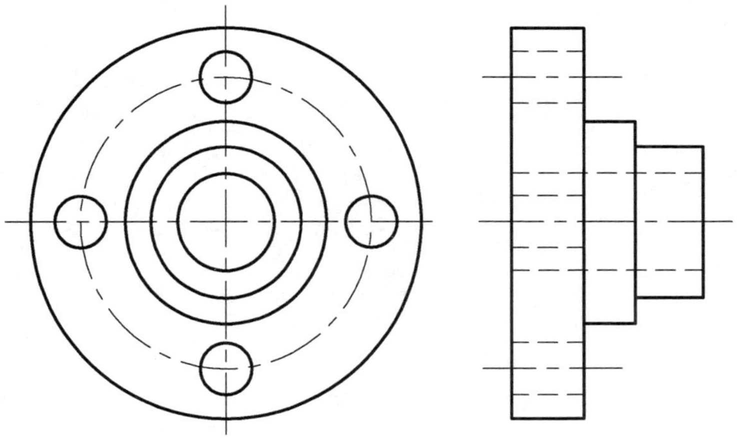

班级：________ 姓名：________ 学号：________

任务页 4–1

1. 根据三个基本视图，按图中箭头所指补画三个向视图。（尺规绘制，比例 1∶1）

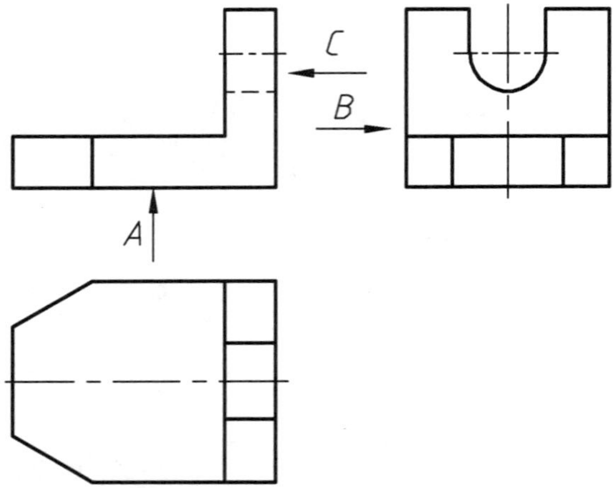

2. 根据主、俯、左三视图，补画三个向视图。（尺规绘制，比例 1∶1）

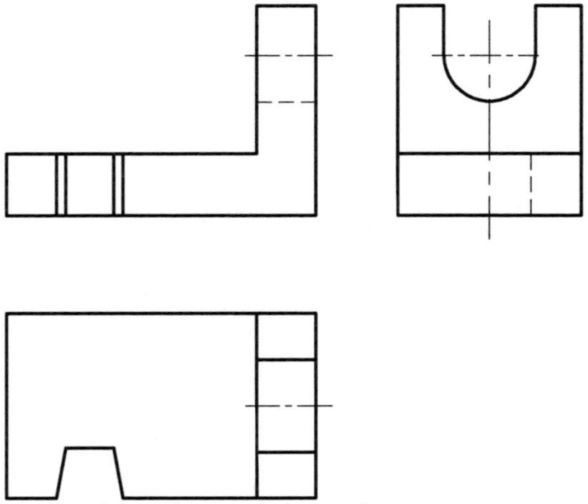

 班级：________ 姓名：________ 学号：________

3. 画出下图箭头指向的视图表达。(比例 1∶1)(尺寸在图上量取)

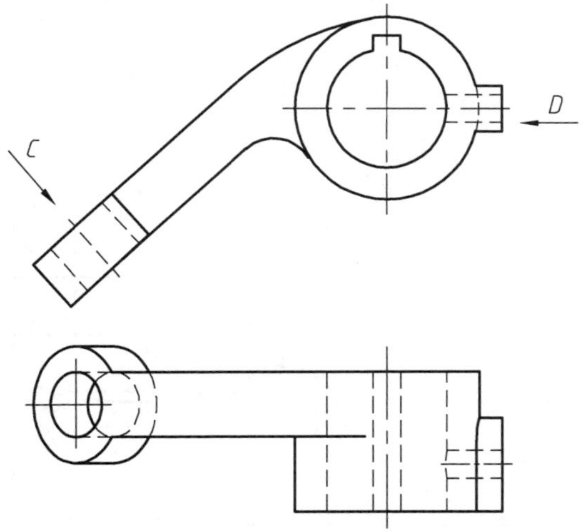

4. 画出下图箭头指向的视图表达。(比例 1∶1)(尺寸在图上量取)

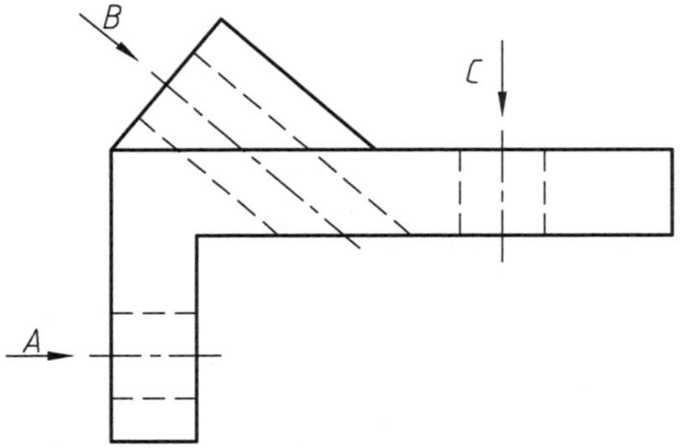

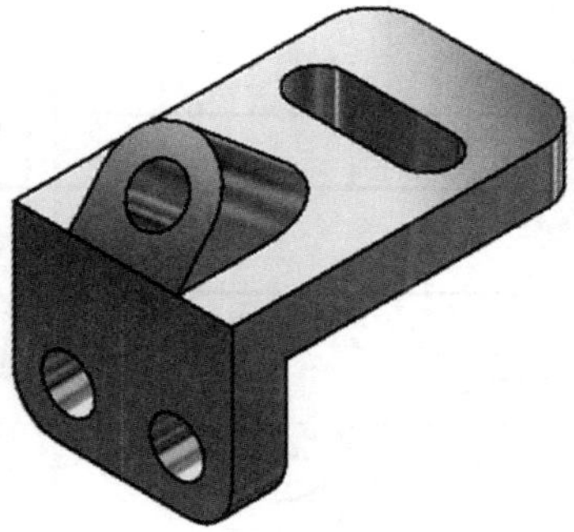

任务页 4-2

1. 将下列主视图改画成全剖视图。

（1）

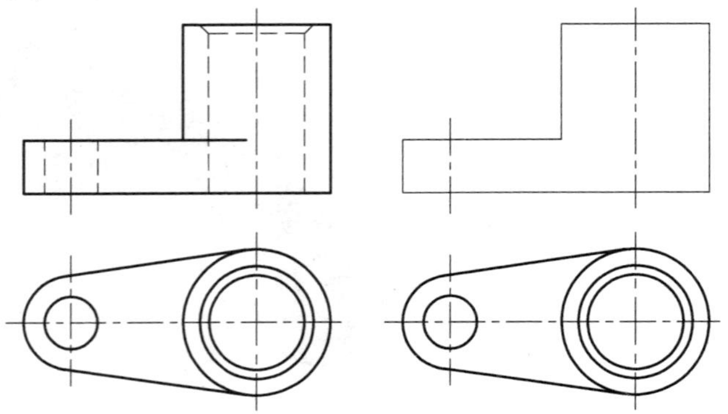

（2）

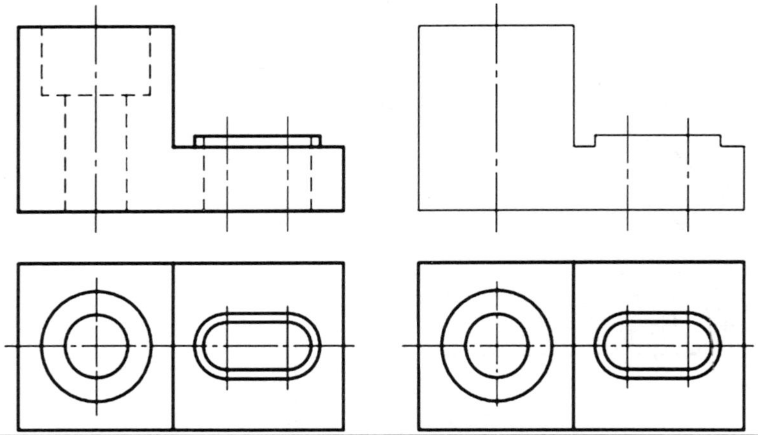

（3）

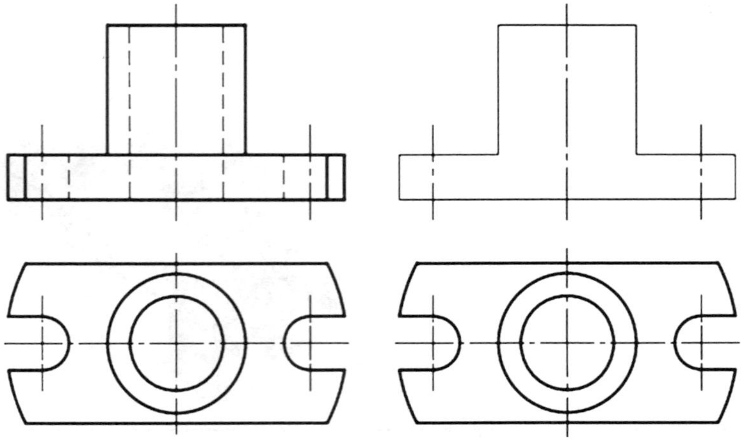

班级：________ 姓名：________ 学号：________

2. 将下列主视图改画成半剖视图

（1）

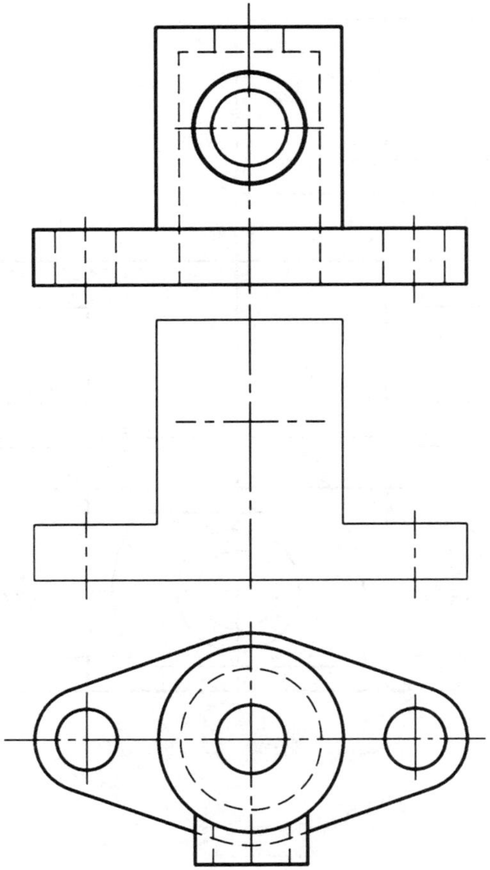

（2）

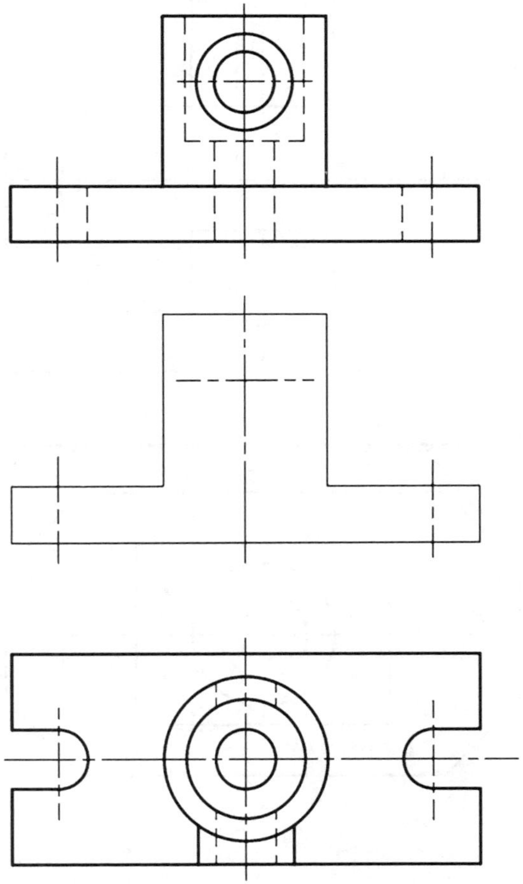

任务页 4-2

（3）

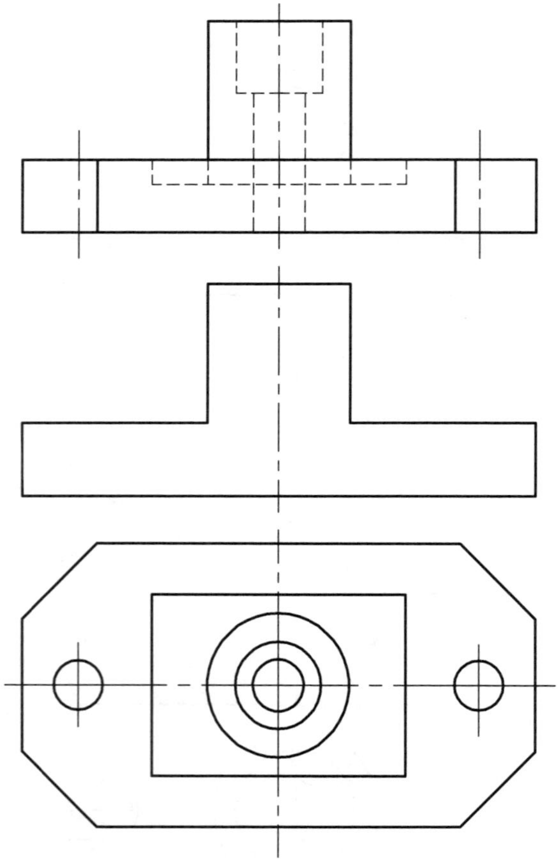

（4）

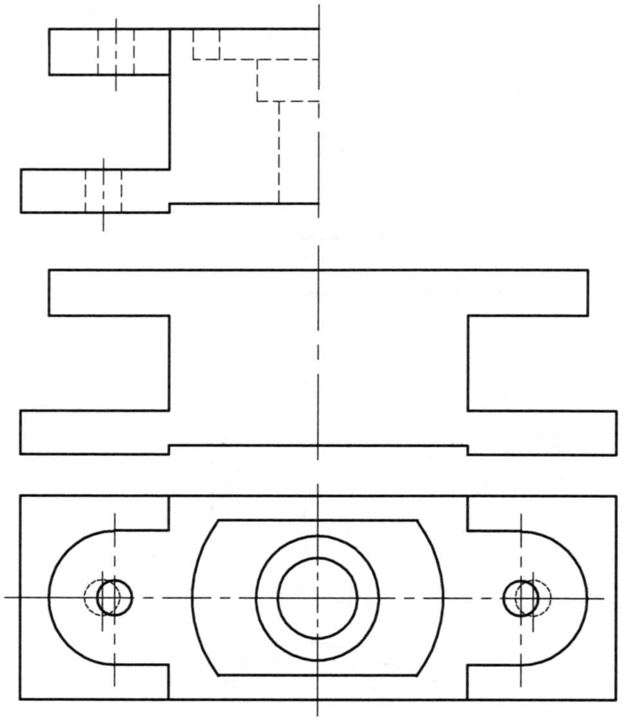

班级：________ 姓名：________ 学号：________

3. 将以下视图改画成局部剖视图。

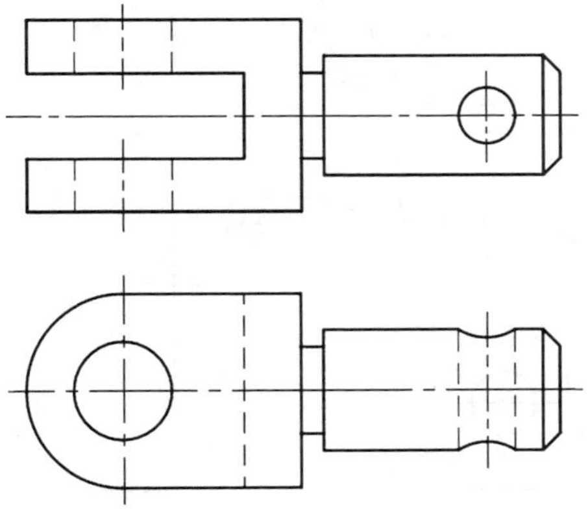

5. 分析局部剖视图中的错误，且在右侧作出正确的局部剖视图。

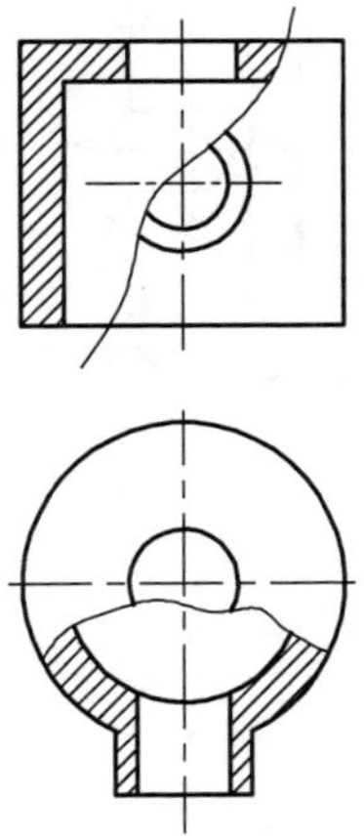

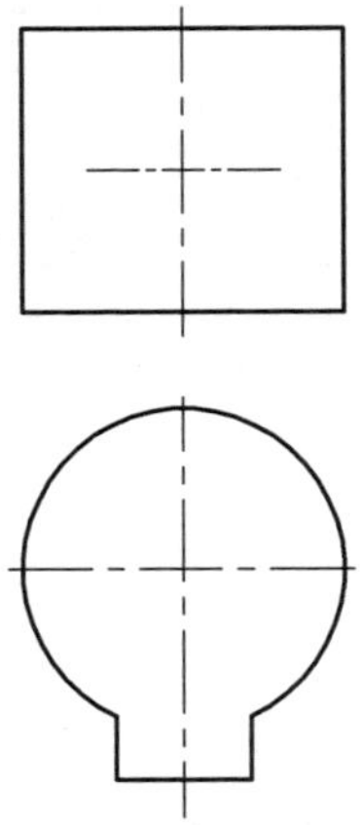

4. 将以下视图改画成局部剖视图。

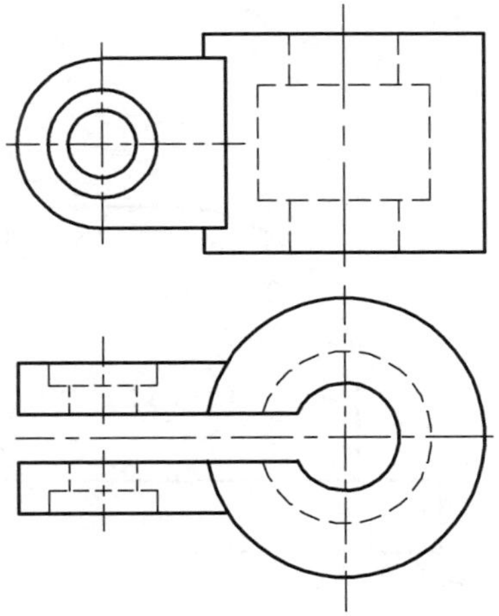

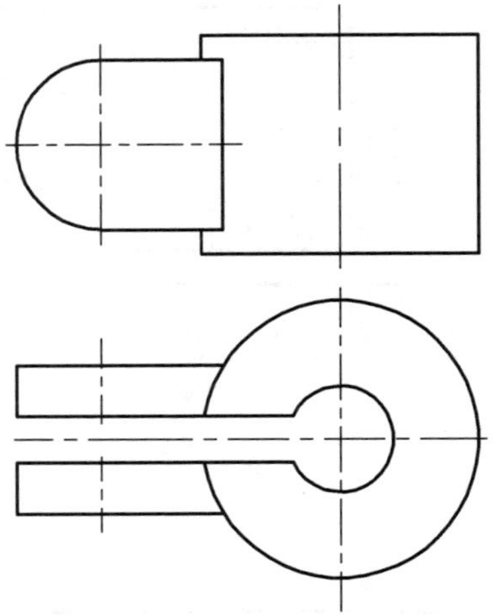

任务页 4-2

6. 将以下视图改画成局部剖视图。

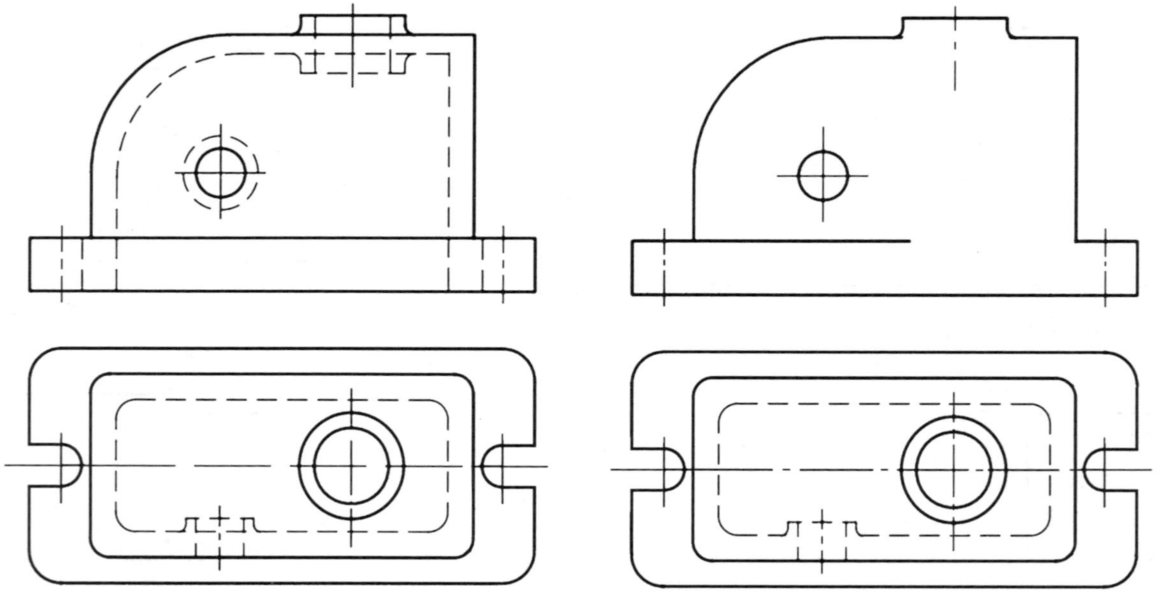

班级：________ 姓名：________ 学号：________

任务页 4-2

7. 将下图的左视图改画为剖视图。

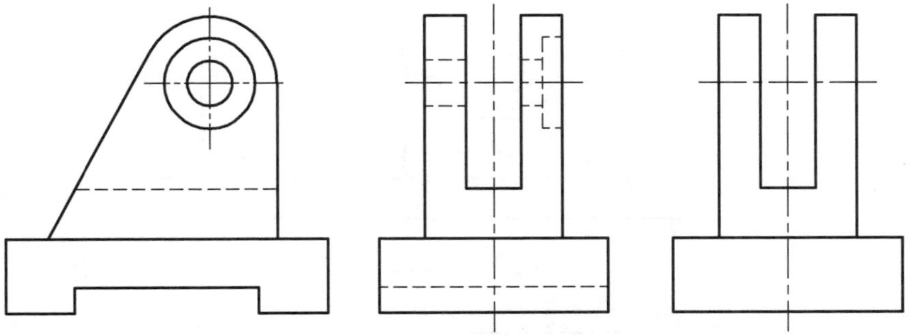

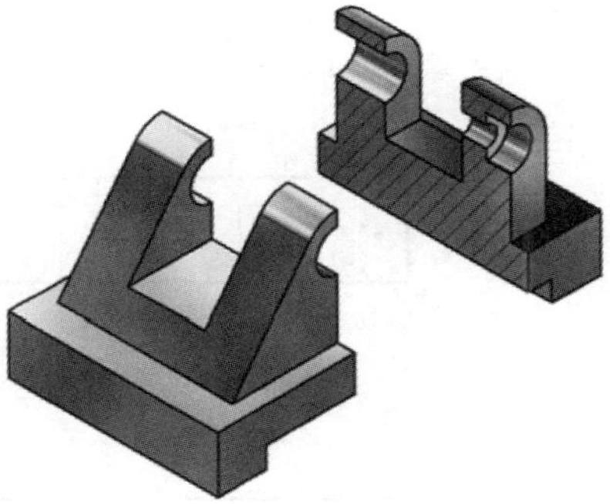

8. 将下图的左视图改画为剖视图。

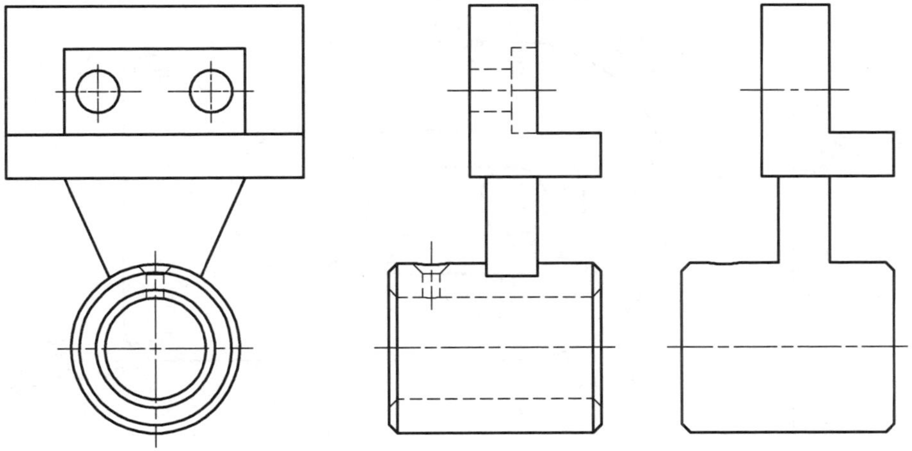

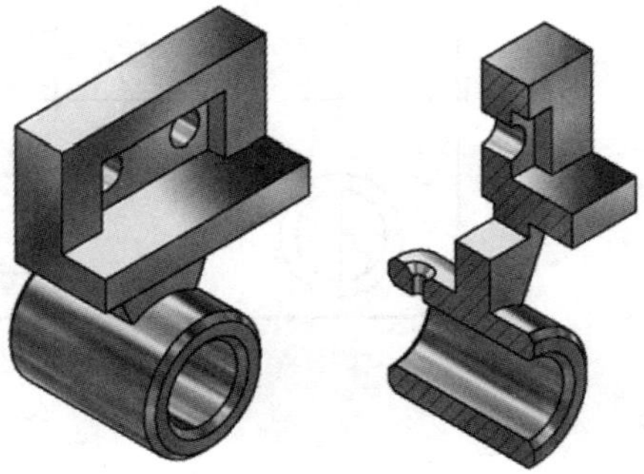

班级：__________ 姓名：__________ 学号：__________

9. 将下图的主视图改画为剖视图。

（1）

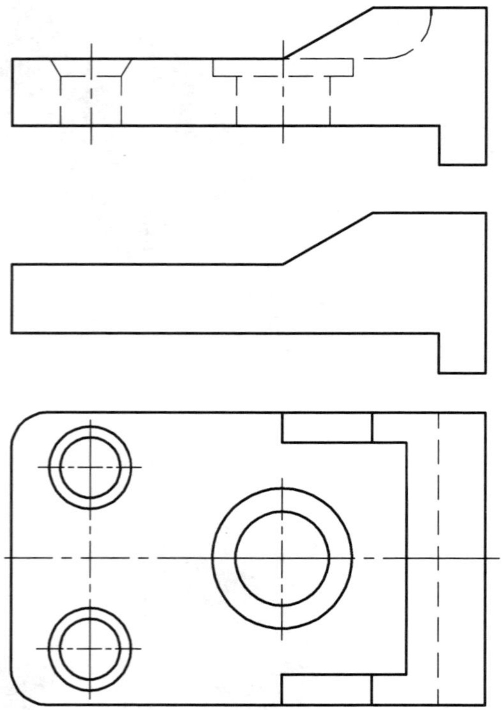

（2）

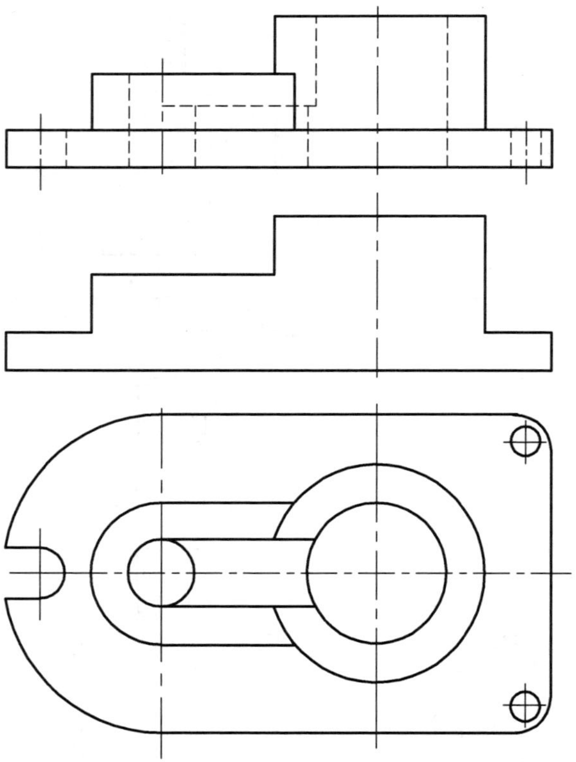

班级：________ 姓名：________ 学号：________

10. 请将下图的主视图改画为剖视图。

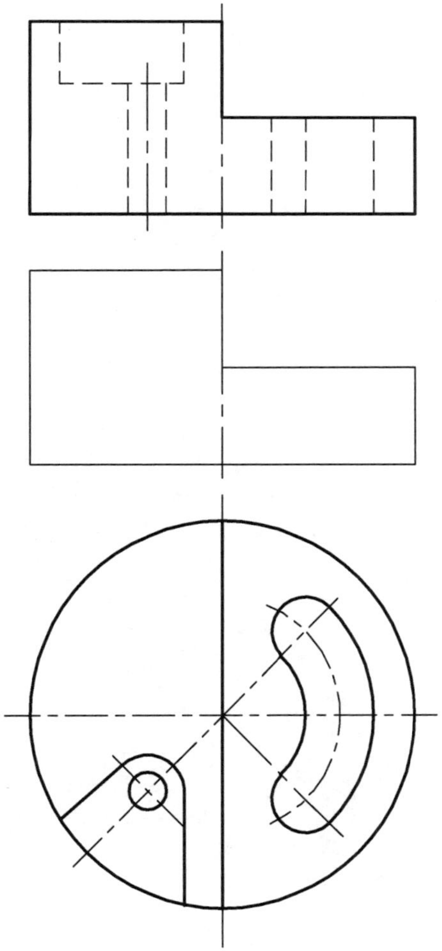

11. 用斜视图的方法作 *A—A* 的全剖视图。

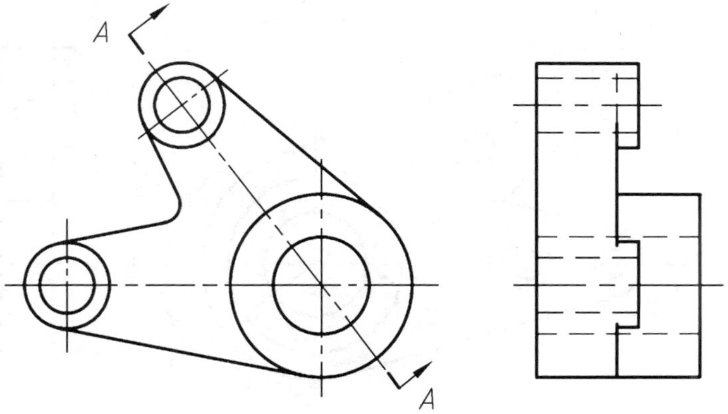

12. 画 *A*—*A*、*B*—*B* 全剖视图。

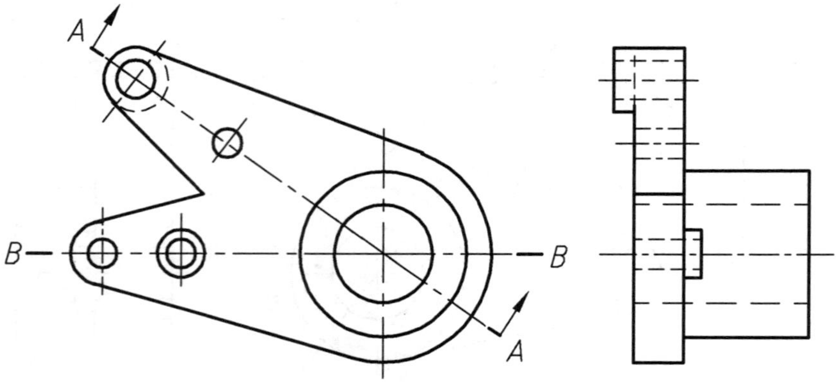

班级：________ 姓名：________ 学号：________

13. 将下图的主视图变为剖视图。

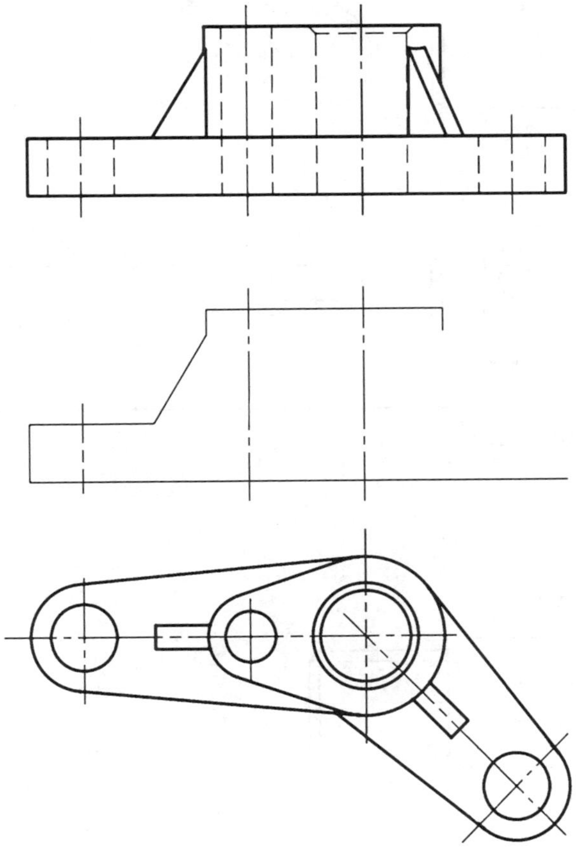

班级：________ 姓名：________ 学号：________

任务页 4–3

1. 分析下列断面图，找出正确的断面图。

（1）

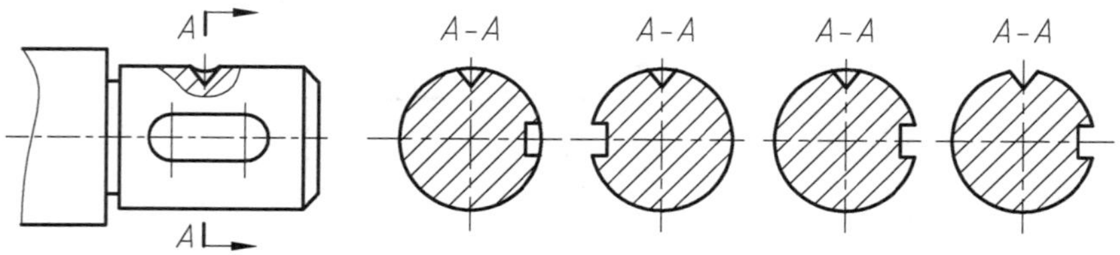

（2）

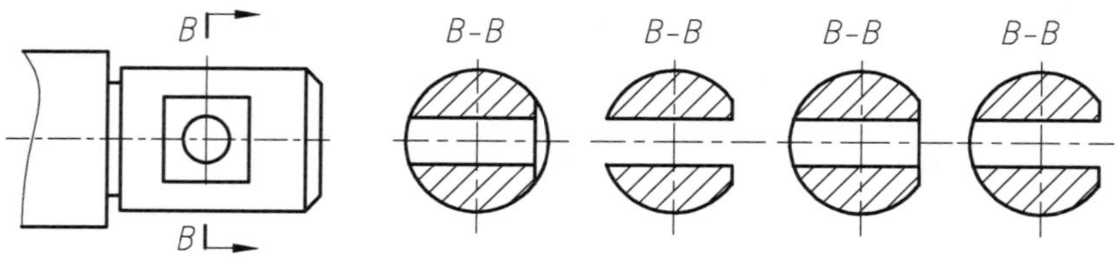

2. 在指定位置画出断面图（右侧键槽深 3.5）。

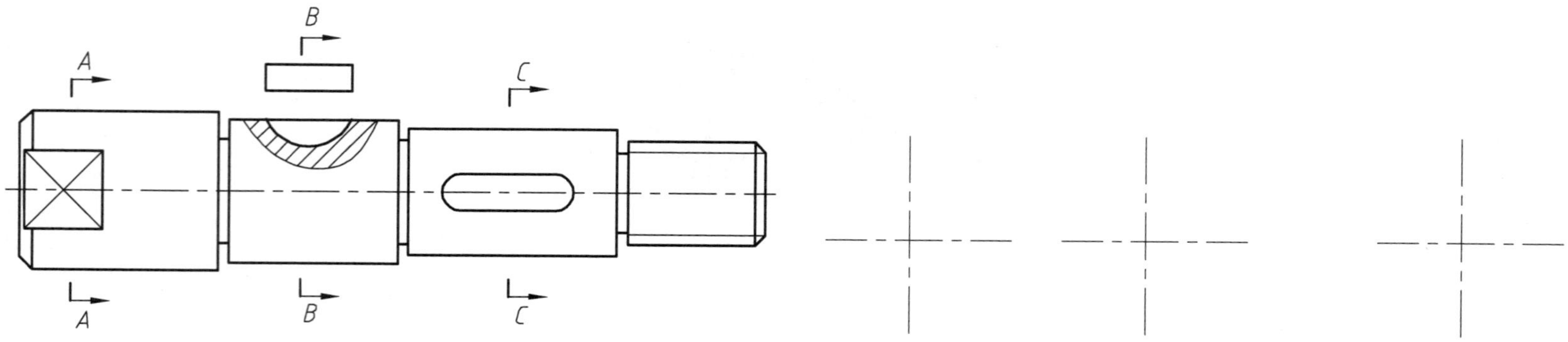

班级：＿＿＿＿＿＿＿＿ 姓名：＿＿＿＿＿＿＿＿ 学号：＿＿＿＿＿＿＿＿

3. 完成下图阶梯轴的表达（中间键槽深 2.5）。

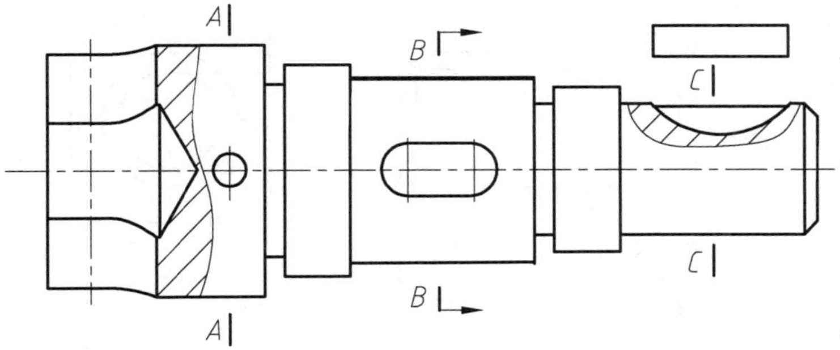

4. 完成下图阶梯轴的表达（左侧键槽深 4，右侧键槽深 3.5）。

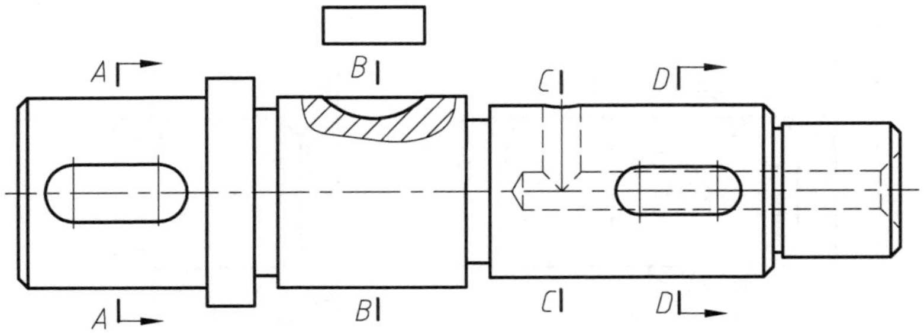

班级：________ 姓名：________ 学号：________

任务页 5-1

1. 指出下列螺纹中画法的错误之处并改正。

（1）

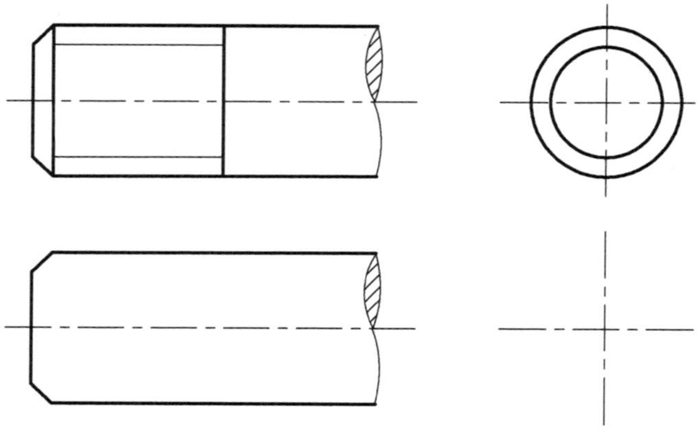

（2）

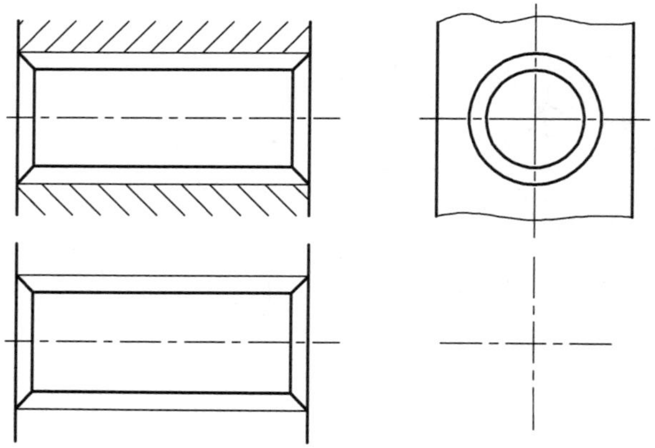

（3）

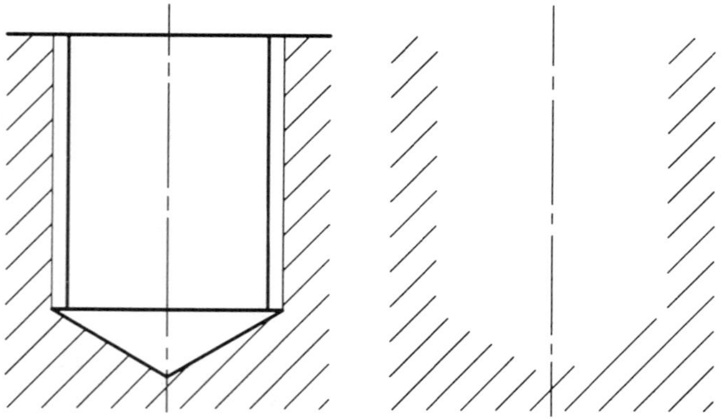

（4）

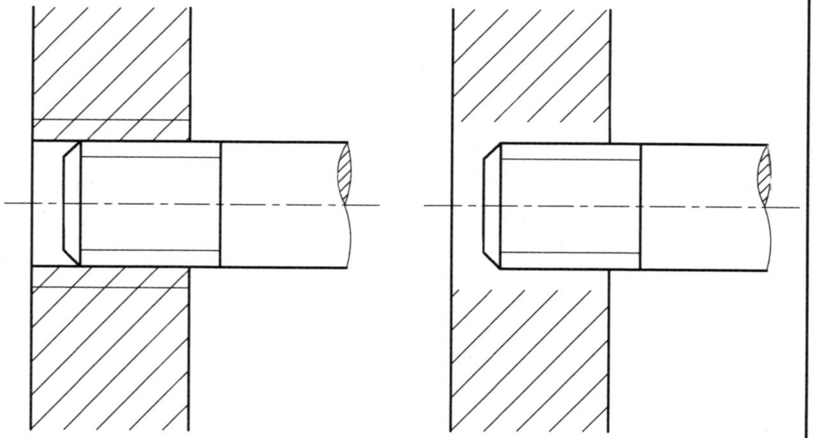

任务页 5-1

2. 将螺纹标记标注在图形上。		
（1）普通螺纹，大径 20 mm，螺距为 2.5 mm，单线，右旋，中径和大径公差带均为 6g。 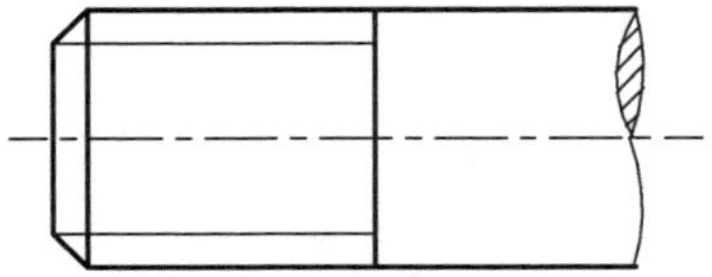	（2）普通螺纹，大径 20 mm，螺距为 2.5 mm，单线，右旋，中径和大径公差带均为 6H。 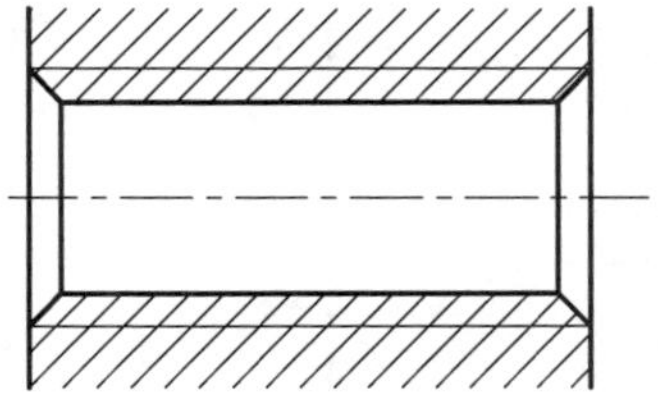	（3）非螺纹密封的管螺纹，尺寸代号为 1/2，公差带等级为 A，右旋。 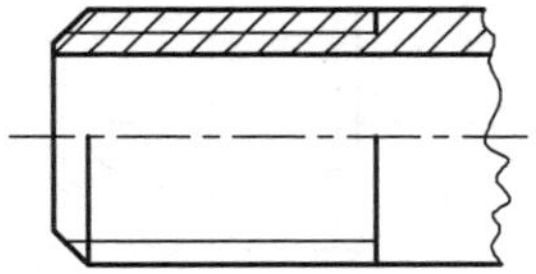
（4）普通螺纹，大径 16 mm，螺距为 2 mm，单线，左旋，中径和大径公差带均为 6g。 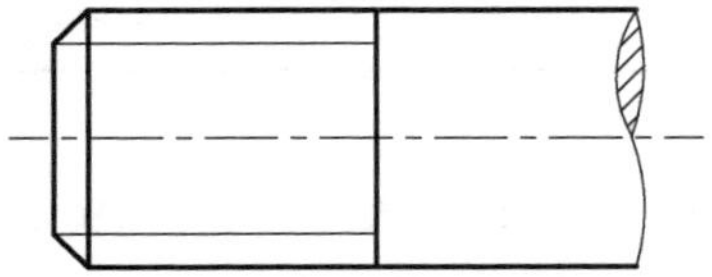	（5）普通螺纹，大径 24 mm，螺距为 2 mm，单线，左旋，中径和大径公差带均为 6H，长旋合长度。 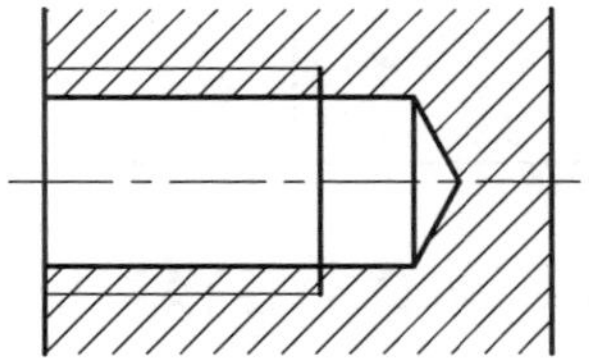	（6）用螺纹密封的圆锥外螺纹（与圆锥内螺纹相配），尺寸代号为 1，左旋。 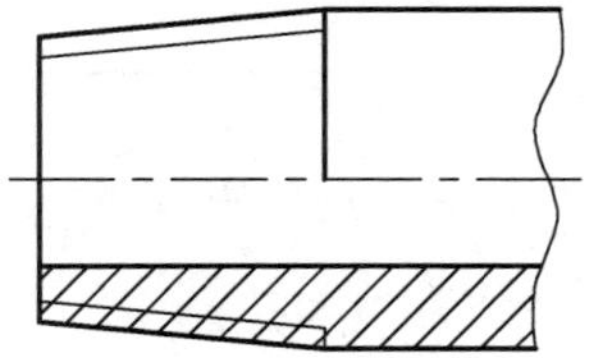

班级：________　姓名：________　学号：________

任务页 5-2

1. 补全螺栓连接中所缺的线。

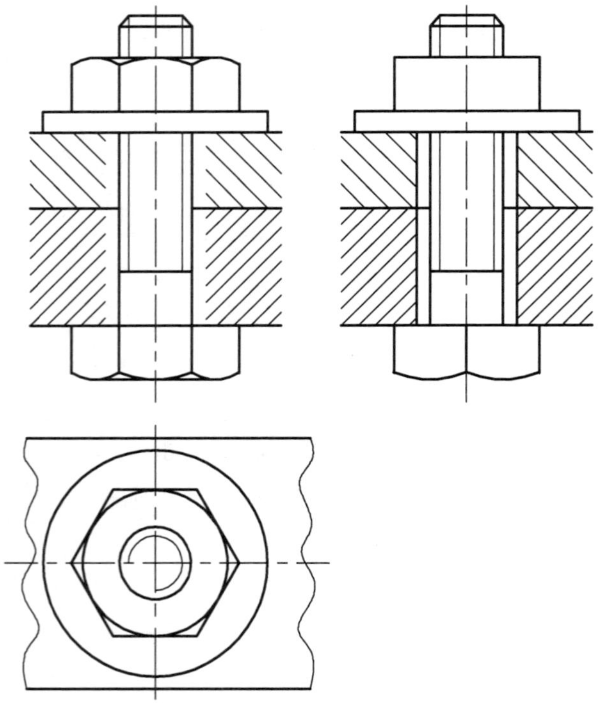

2. 分析下图中螺钉连接的错误，并在右侧画出正确的图形。

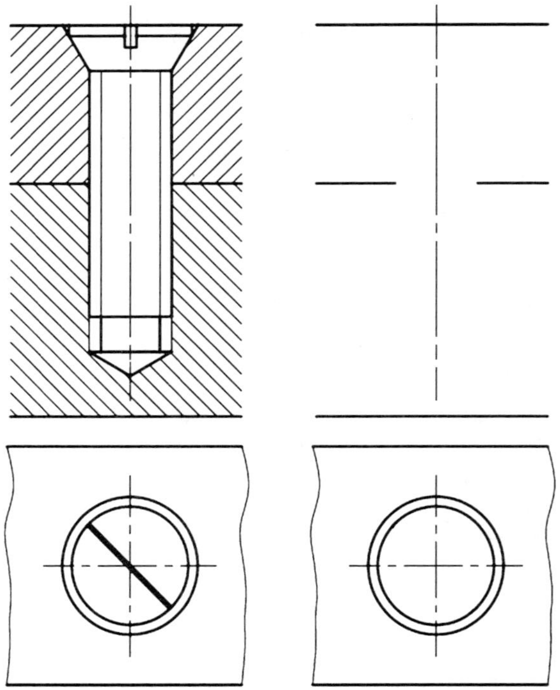

3. 已知两板件的厚度 $t_1=30$，$t_2=40$，圆孔直径 $D=18$，请参照教材图 5-19，通过查表，用 AutoCAD 绘制该螺栓连接。

班级：________ 姓名：________ 学号：________

1．已知直齿圆柱齿轮 $m=3$ mm，$z=40$，齿轮倒角 $C2.5$，完成齿轮的工作图。（比例 1∶2）

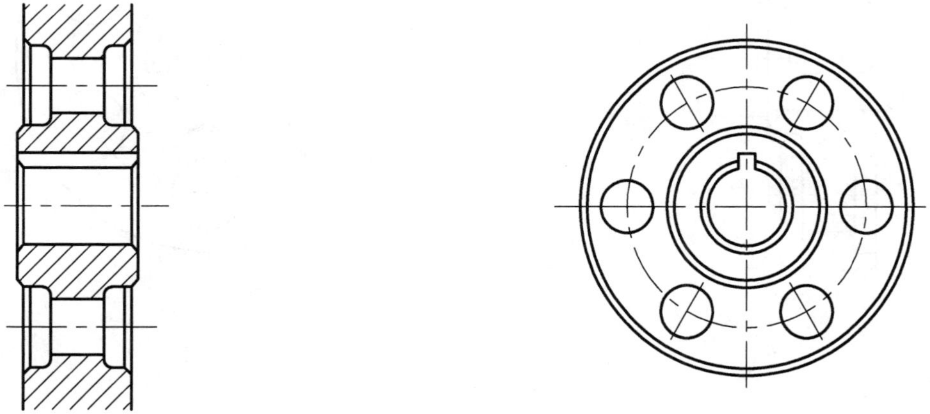

2. 已知直齿圆柱齿轮大齿轮 $m = 3$ mm，$z_1 = 40$ mm，两轮中心距 $a = 100$ mm，计算小齿轮的基本尺寸，并用 1∶2 的比例绘制出齿轮的啮合。

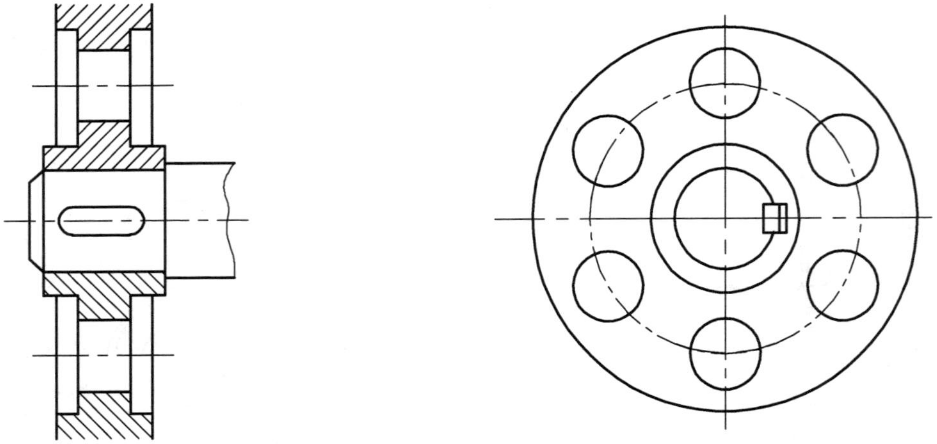

班级：________ 姓名：________ 学号：________

任务页 5-4

1. 用 A 型普通平键将齿轮和轴连接起来，完成连接图，并写出键的标记。（轴径在图中测量，其他尺寸查表）

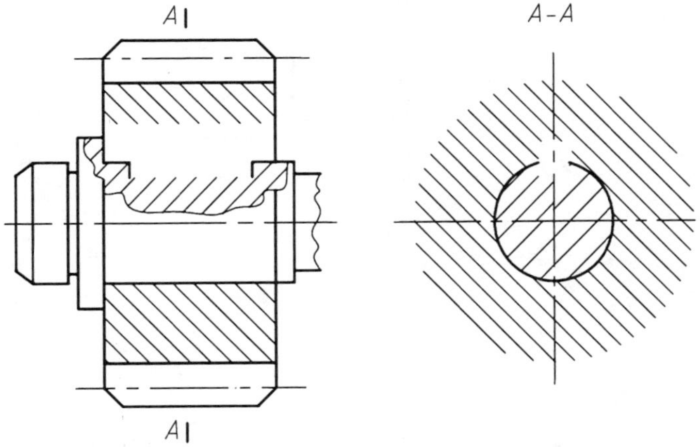

规定标记________________________

2. 齿轮、轴与直径为 5 mm 的圆柱销连接，写出圆柱销的规定标记，并完成圆柱销的剖视图。

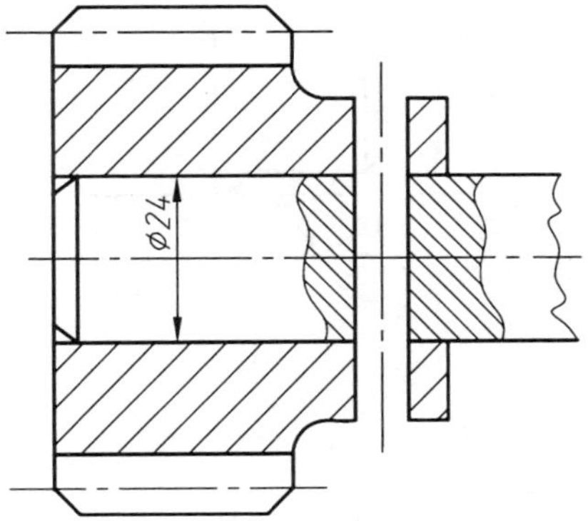

规定标记________________________

3. 已知一轴段直径 $D=45$，请参照教材图 5-47，通过查表，用 AutoCAD 绘制该平键的连接。

任务页 5-5

1. 用规定画法完成深沟球轴承（6205）在轴端上的装配图。（比例 1∶1）

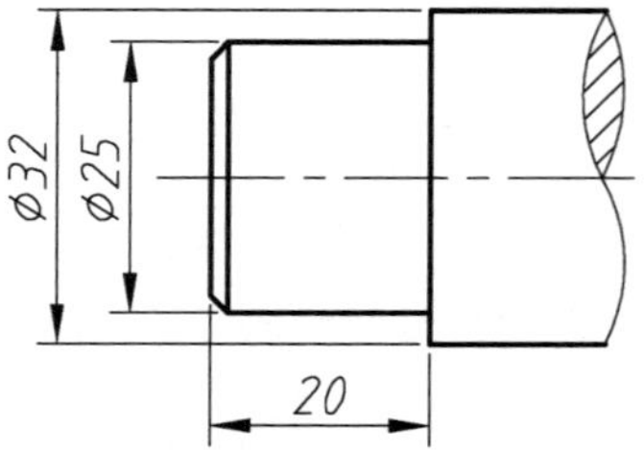

2. 用规定画法完成圆锥滚子轴承（30205）在轴端上的装配图。（比例 1∶1）

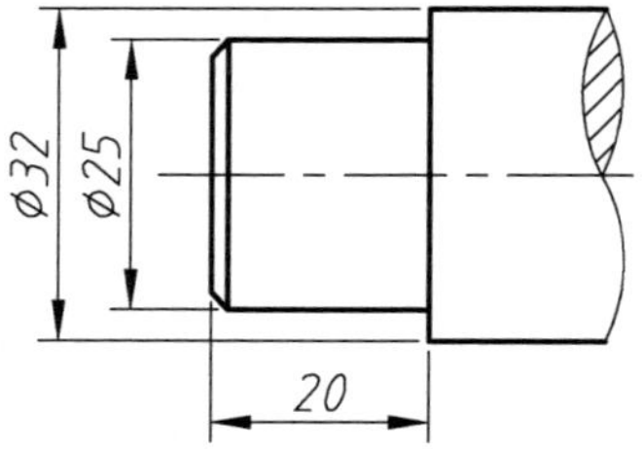

班级：________ 姓名：________ 学号：________

任务页 5-6

已知圆柱螺旋压缩弹簧的簧丝直径为 5 mm，弹簧中径 40 mm，节距 10 mm，弹簧自由长度为 76 mm，支撑圈数 2.5，右旋。试画出弹簧的全剖视图。（比例 2∶1）

1. 读零件图，回答下列问题。

（1）读标题栏。

零件名称是__________，制图比例为________，制作材料为________。

（2）读图。

该零件图有________个视图，其中________视图采用了对称零件的简化画法，______视图为全剖视图。反映内部结构的视图是________；说明细小结构的补充视图是______，它放大了______倍。周围有______个阶梯孔呈______分布。

（3）读尺寸。

最大的径向尺寸为________，

最大的轴向尺寸为________。

径向尺寸基准为________，

轴向尺寸基准为________。

这几个阶梯孔的类型为________孔，定位尺寸为________，ϕ9 圆柱孔深度为____________，ϕ15 圆柱孔深度为________。

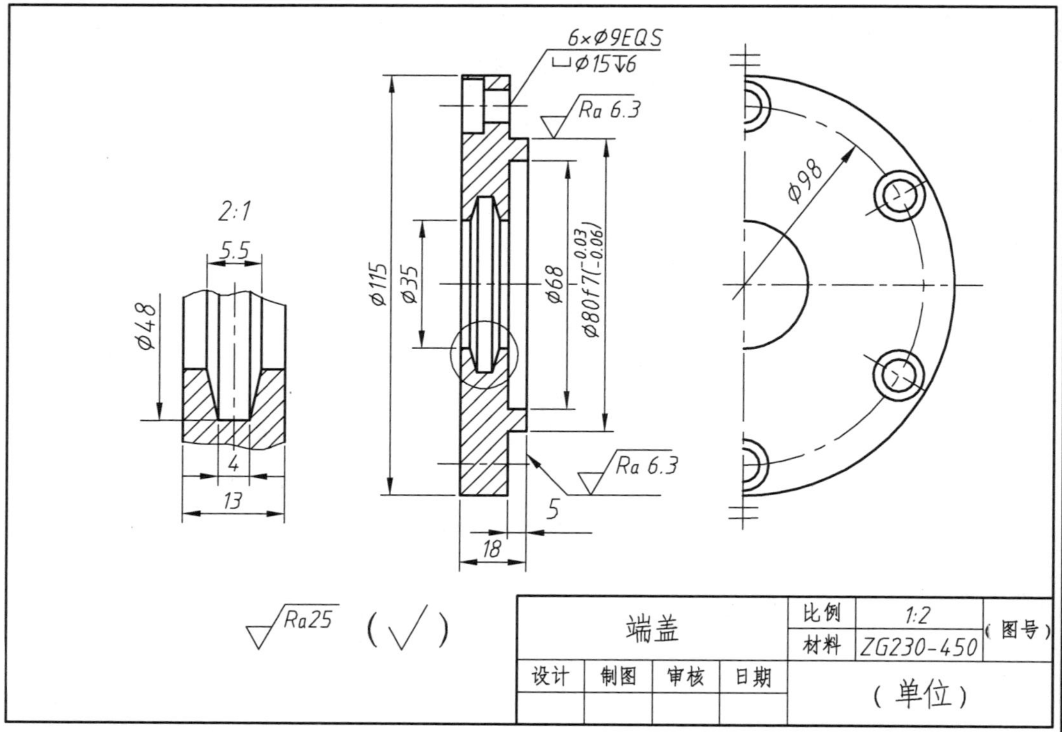

任务页 6–1

2. 按合适的表达方式表达所示零件。

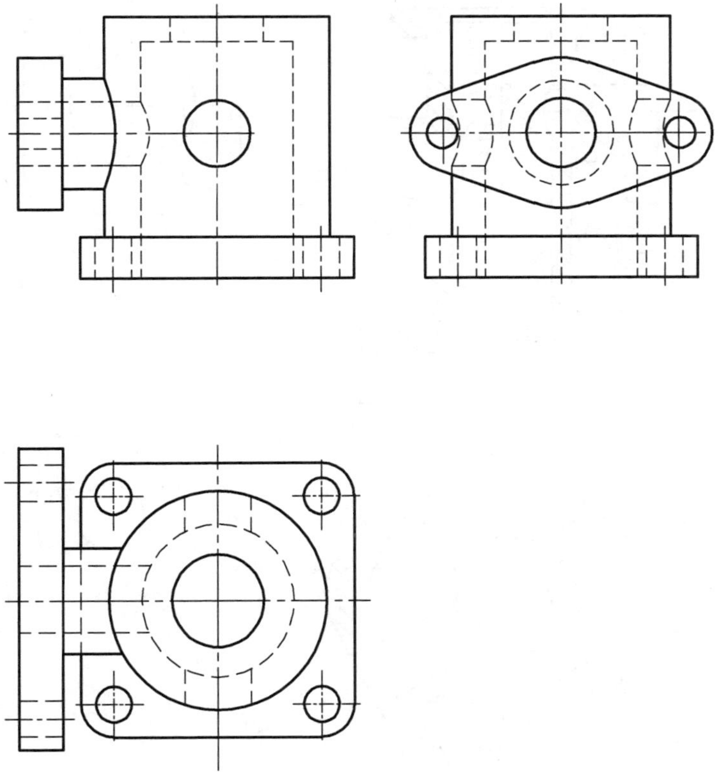

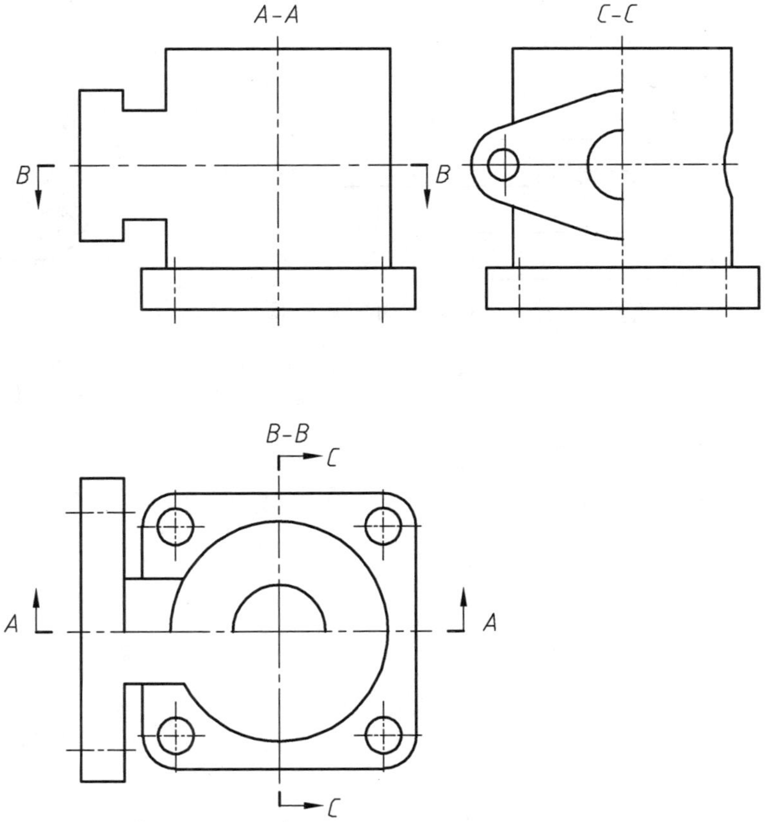

任务页 6-1

3. 看图填空。

（1）*A—A* 是用__________的剖切平面剖切画出的__________剖视图。

B—B 是用__________的剖切平面剖切画出的__________剖视图。

（2）*C—C* 是______________图；

D 是______________图；

G 是______________图。

（3）按 *B—B* 剖视图上的标记填空。

Ⅰ面形状如__________视图所示；

Ⅱ面形状如__________视图所示；

Ⅲ面形状如__________视图所示；

Ⅳ面形状如__________视图所示。

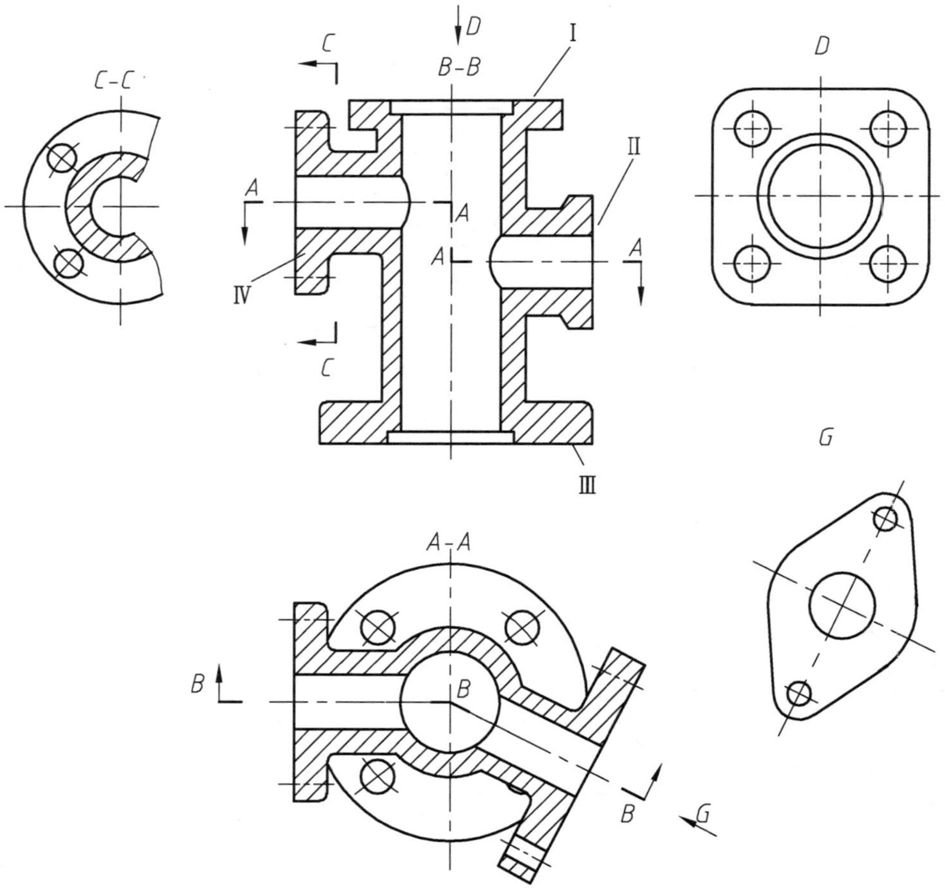

4. 看懂各视图，想象出物体形状，必要时作标注。

（1）

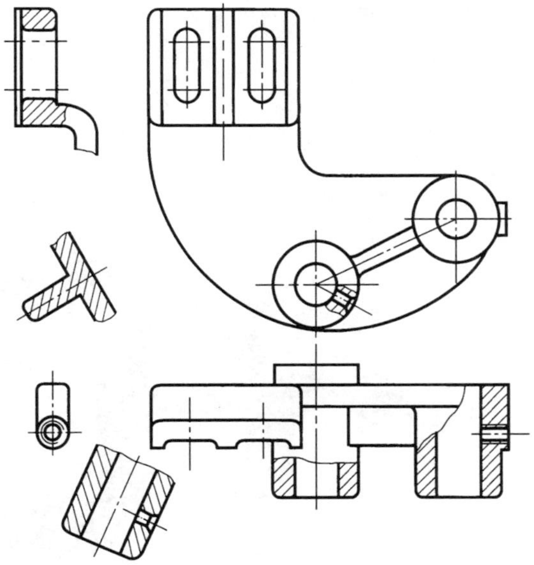

（2）

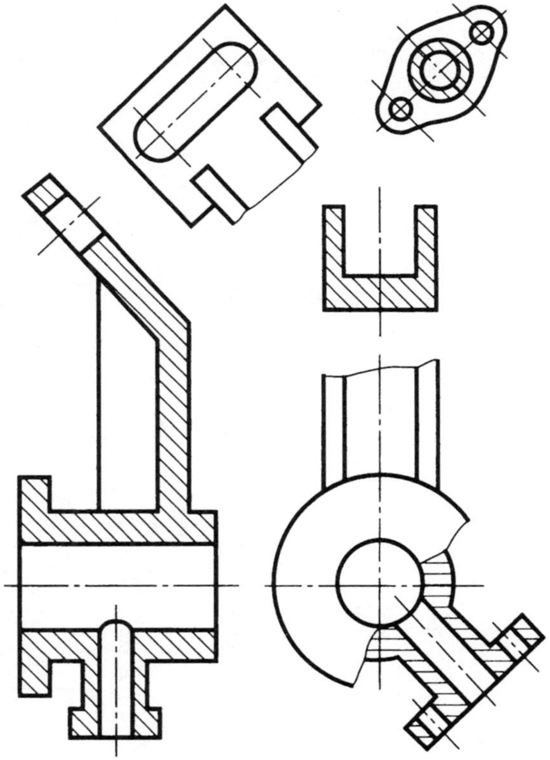

5. 参照立体示意图，确定表达方案，比例 1∶1，画零件图。

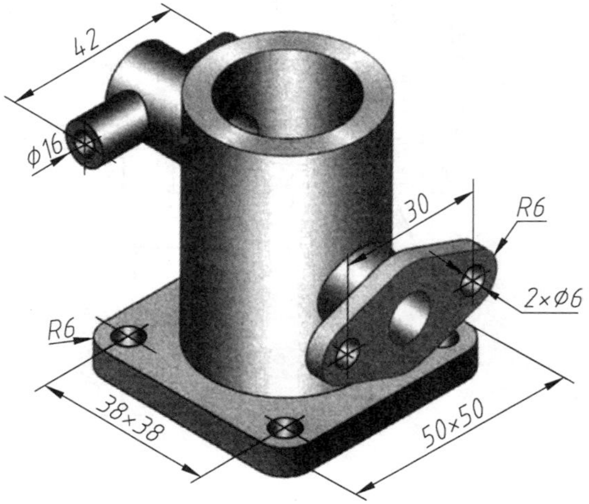

班级：__________ 姓名：__________ 学号：__________

6. 参照立体示意图，确定表达方案，画零件图。

（1）

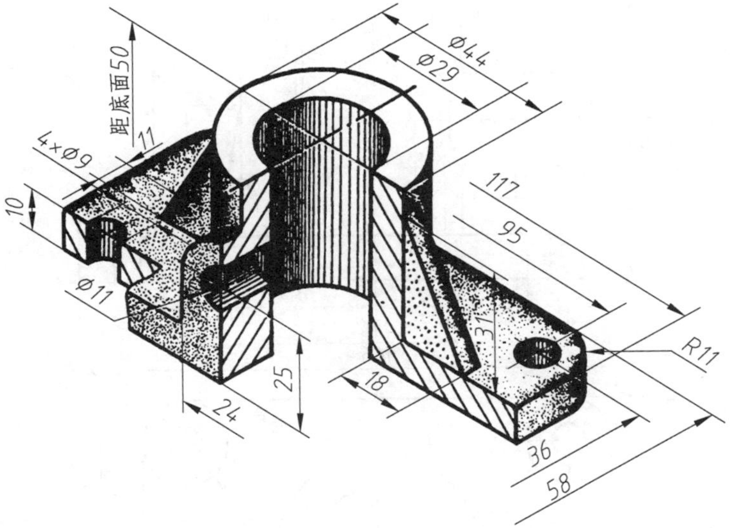

（2）

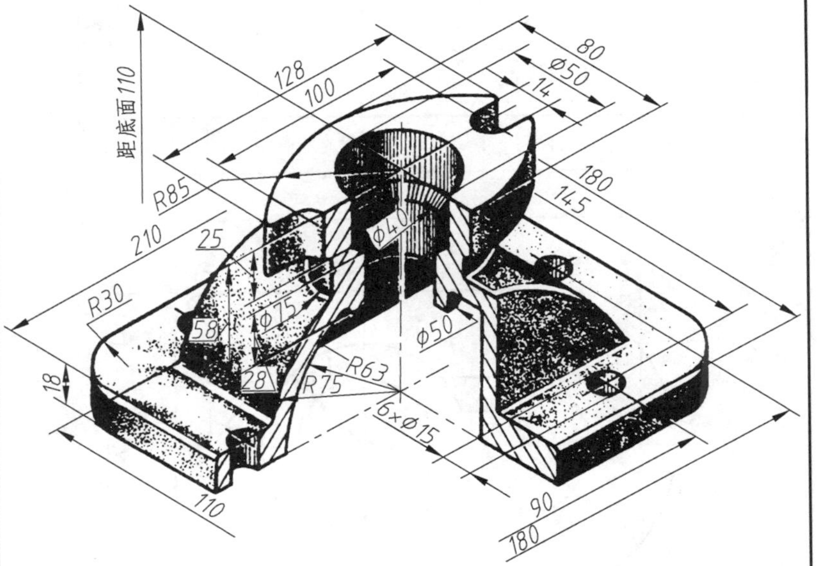

7. 对下图进行形体分析，弄清机件的内外结构，选择更好的表达方案，画零件图并标注尺寸。

（1）

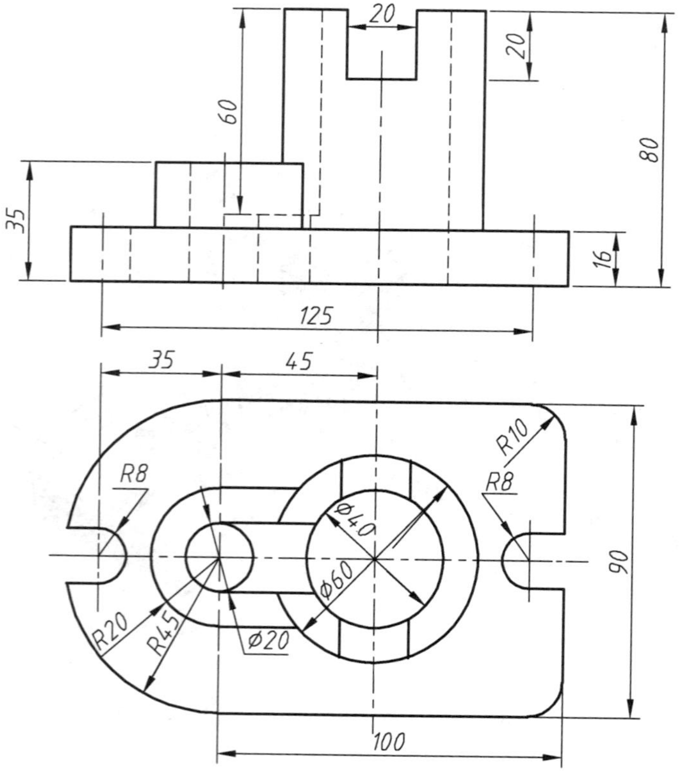

（2）

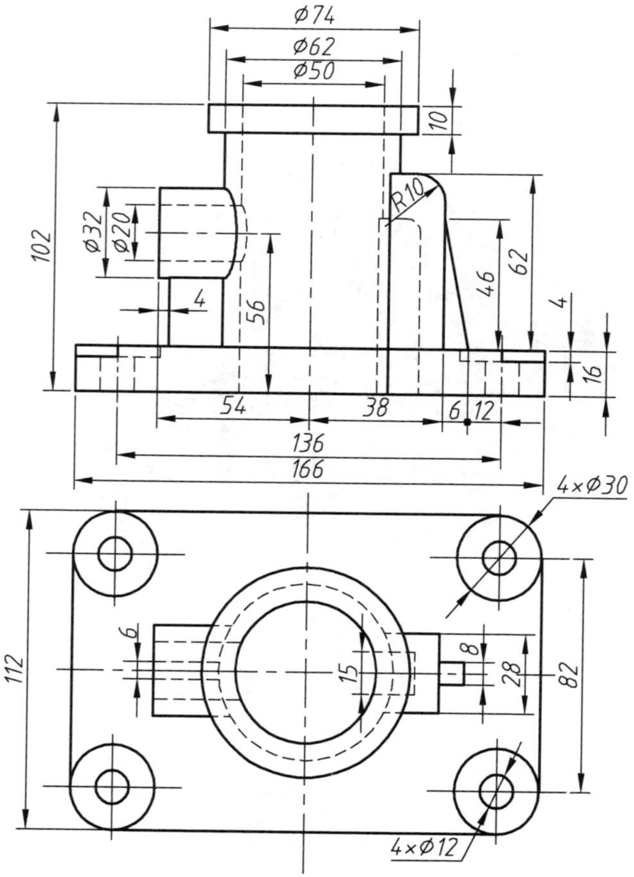

班级：__________ 姓名：__________ 学号：__________

8. 对下图进行形体分析，弄清机件的内外结构，选择更好的表达方案，画零件图并标注尺寸。

（1）

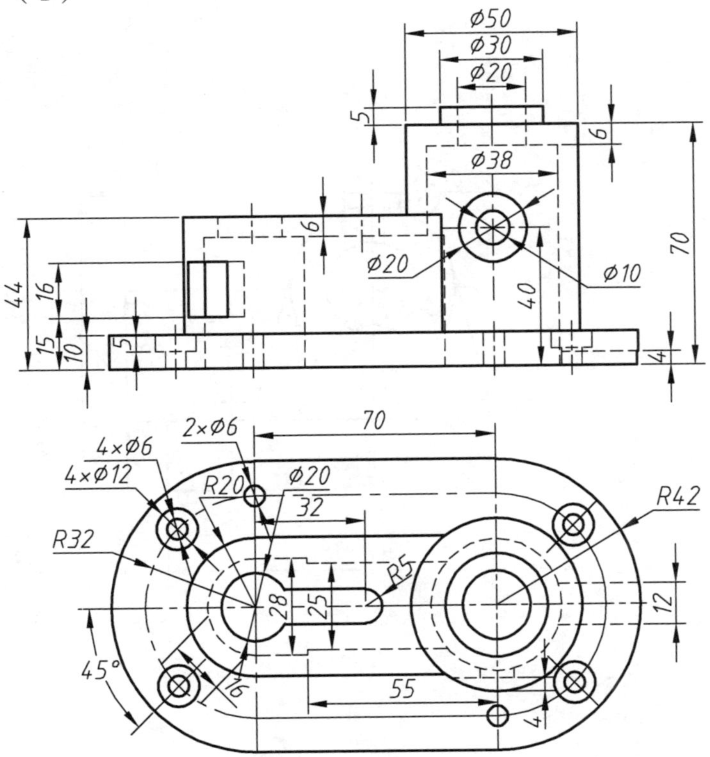

（2）

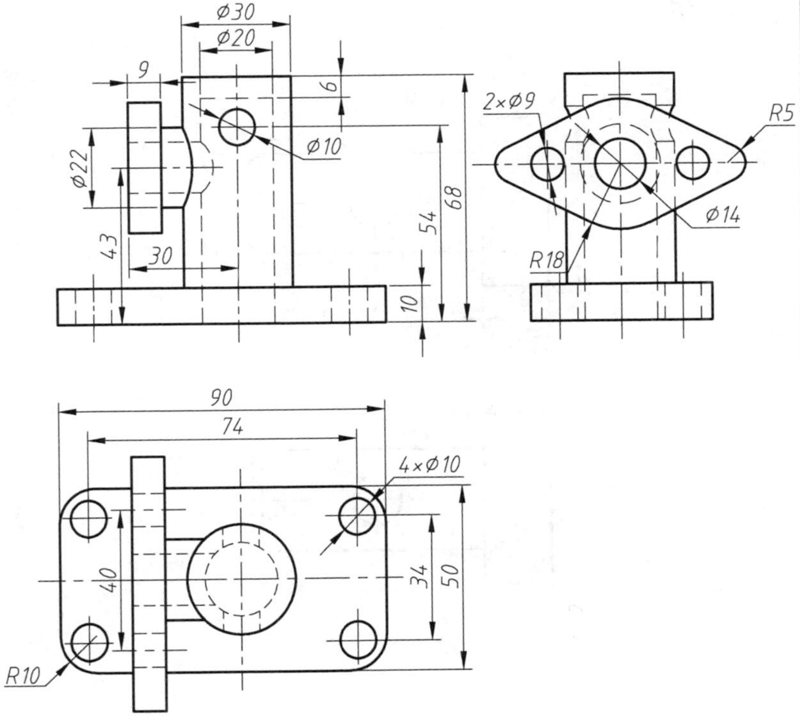

9. 指出下面零件图中的标注错误，并在指定位置正确标注。

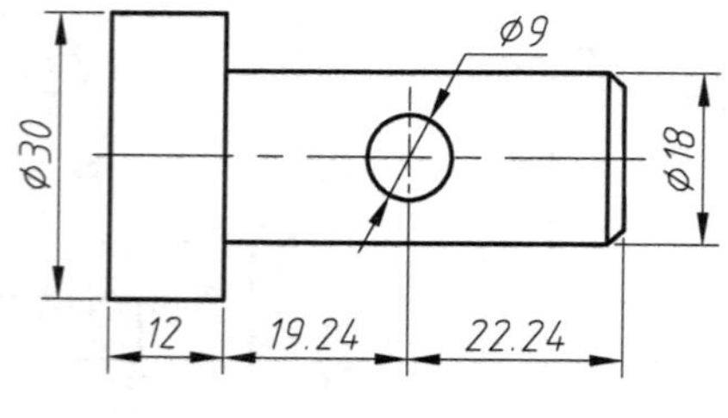

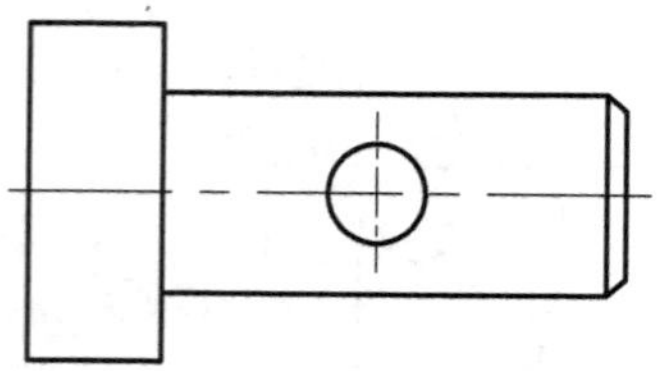

10. 指出下面零件图中的标注错误。

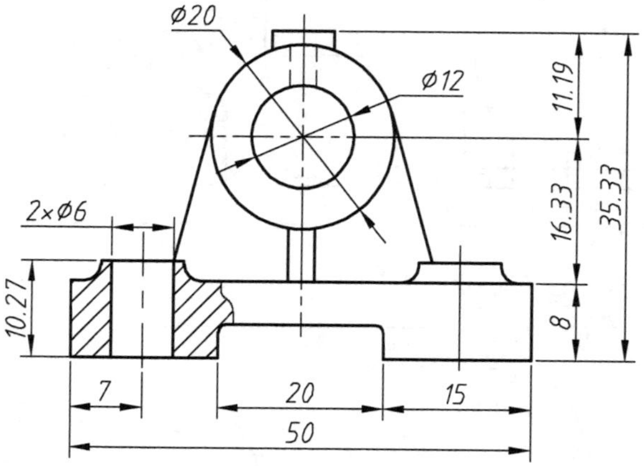

班级：________ 姓名：________ 学号：________

11. 标注零件图，尺寸由图中量取（取整数）。

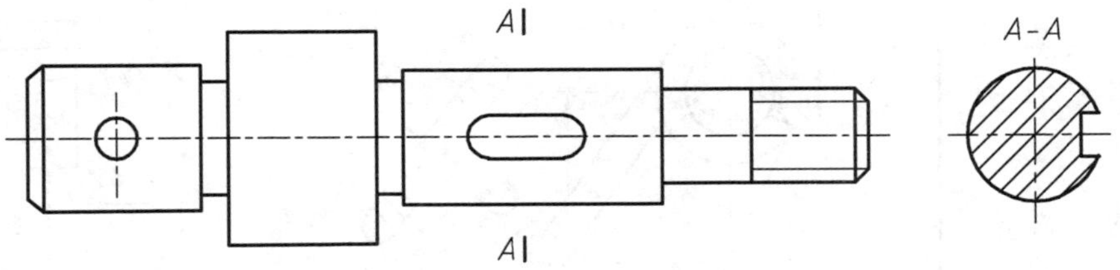

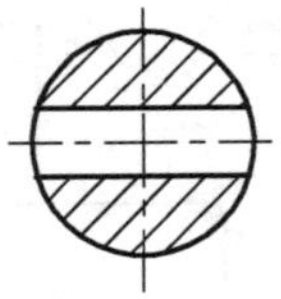

班级：________ 姓名：________ 学号：________

任务页 6-1

12. 抄画一张完整的零件图：支架。

注意事项：

（1）抄画前要仔细阅读零件图，根据图形和尺寸想象出零件的形状和细部结构。

（2）布图时应按图形的大小和数量，先画出图形的基准线，并注意留出尺寸标注和注写技术要求的位置。

（3）画图顺序是先画出图形，再依次标注尺寸，注写技术要求，填写标题栏。

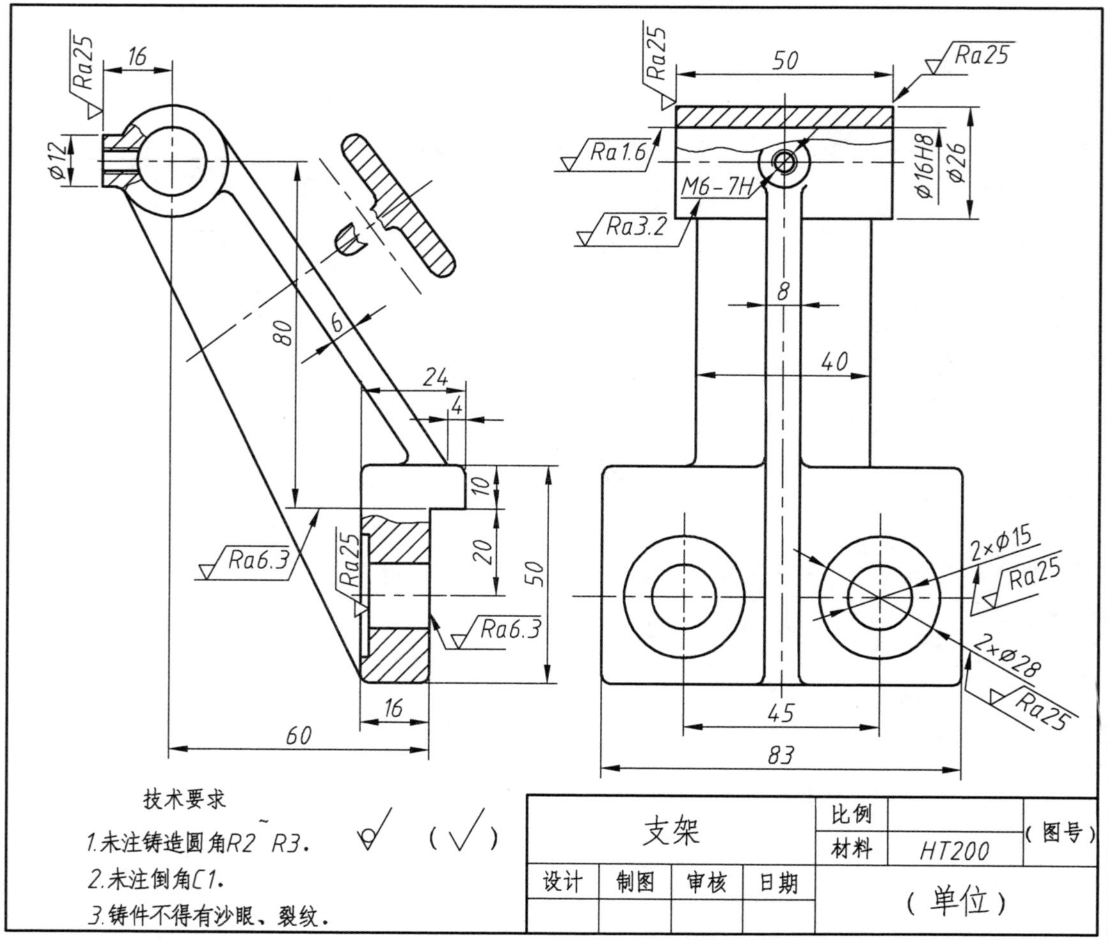

班级：________ 姓名：________ 学号：________

任务页 6-2

1. 填空

代 号	意 义
去除材料符号 Ra3.2（$\sqrt{}$ 带横线，表示用去除材料方法获得）	
不去除材料符号 Ra3.2（$\sqrt{}$ 带圆圈）	
$\sqrt{Ra3.2}$	
$\sqrt{Rz3.2}$	

2. 分析下图表面粗糙度标注的错误，并正确标注。

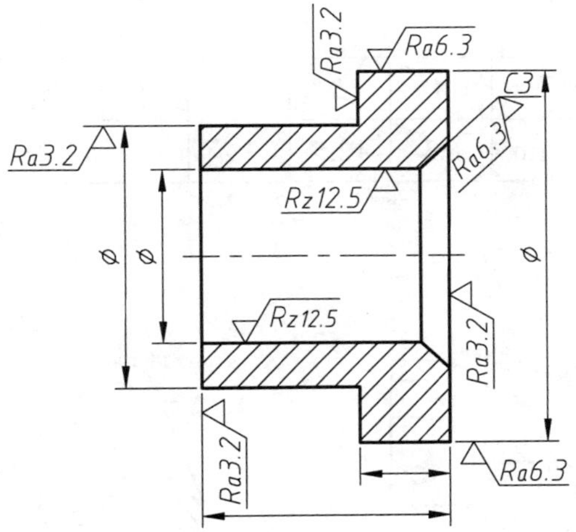

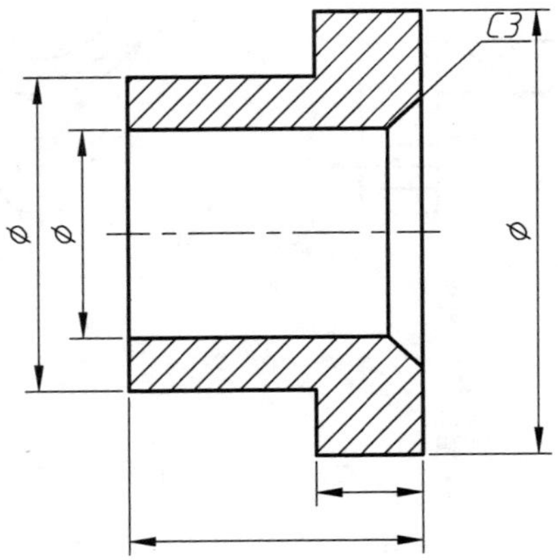

3. 按表中给出的数值，在下图中标注表面粗糙度。

表面	*A*	*B*	*C*	*D*	其余
Ra/μm	6.3	12.5	3.2	3.2	25

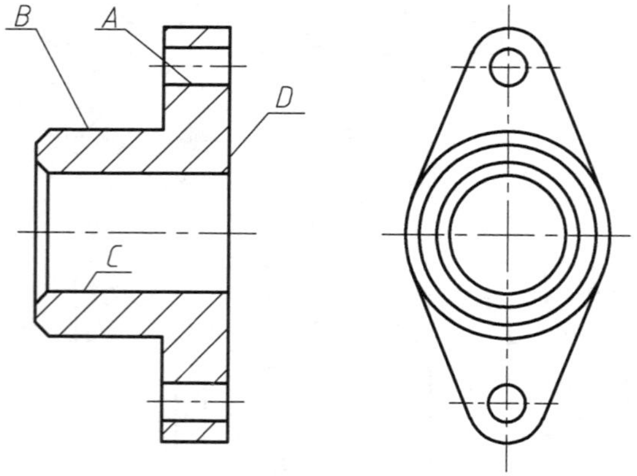

4. 按要求标注零件表面粗糙度。

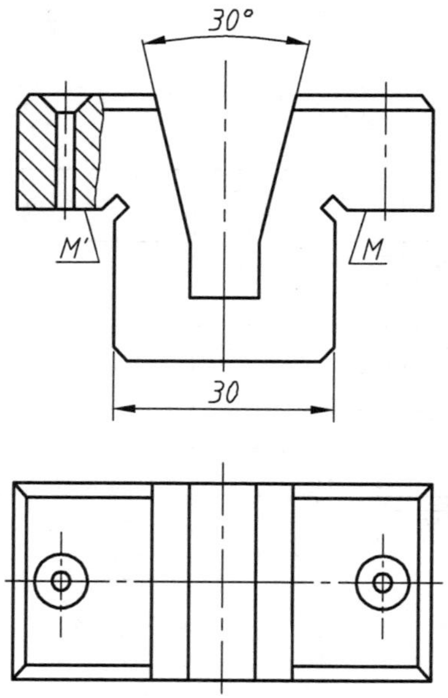

（1）倾角呈 30°的两斜面，*Ra* 为 6.3 μm。

（2）顶面、长度为 30 的左右两侧面，*Ra* 为 1.6 μm。

（3）*M* 面 *M'* 面 *Ra* 为 3.2 μm。

（4）其余表面 *Ra* 为 25 μm。

班级：________ 姓名：________ 学号：________

5. 按要求标注零件表面粗糙度代号。

（1）ϕ20、ϕ18 圆柱面 *Ra* 为 1.6 μm。

（2）M16 螺纹工作表面 *Ra* 为 3.2 μm。

（3）锥销孔内表面 *Ra* 为 3.2 μm。

（4）键槽两侧面 *Ra* 为 3.2 μm；
键槽底面 *Ra* 为 6.3 μm。

（5）其余表面 *Ra* 为 12.5 μm。

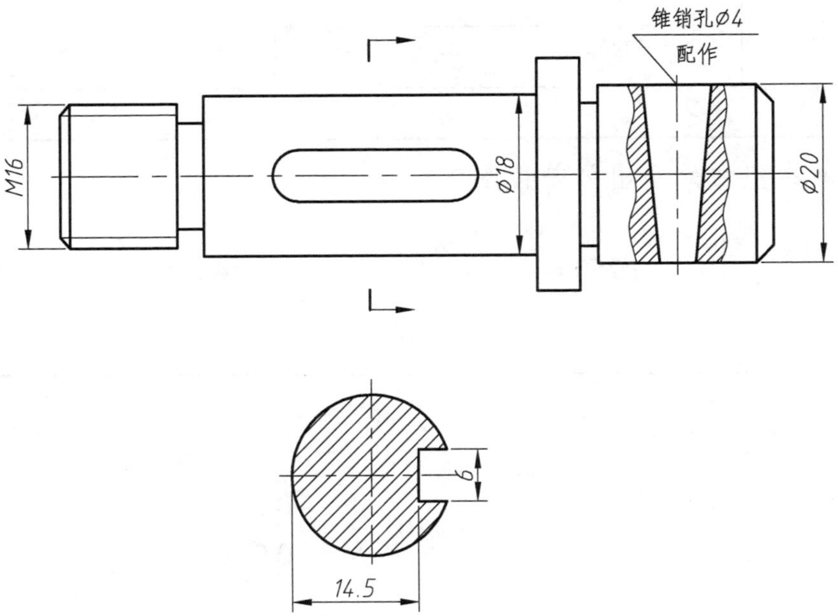

任务页 6-3

1. 根据下图标注填写右表。

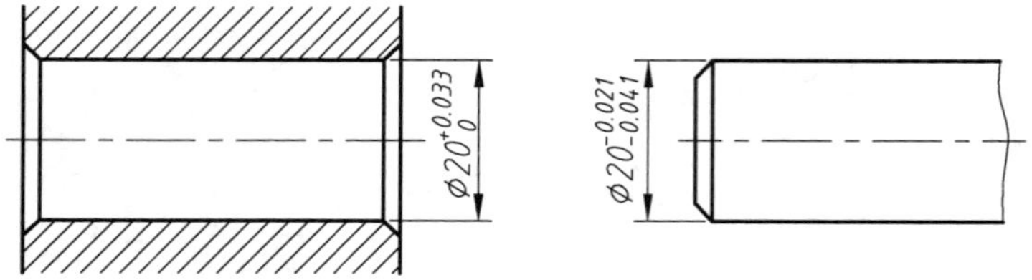

名　称	孔	轴
公称尺寸		
上极限尺寸		
下极限尺寸		
上极限偏差		
下极限偏差		
公　差		

2. 查表。将下列极限偏差数值填入括号内，并在空白处画出公差带图。

ϕ30H8（　　　　）　　ϕ60JS7（　　　　）　　ϕ25m6（　　　　）　　ϕ40f7（　　　　）

3. 查表，将公差带代号填在规定处。

孔 ϕ70　　（±0.015）　　　　轴 ϕ30　$\begin{pmatrix}-0.020\\-0.041\end{pmatrix}$

班级：________　　姓名：________　　学号：________

任务页 6-3

4. 填空。

代号	孔的极限偏差	轴的极限偏差	公差	配合制与类别	公差带图解
$\phi60\frac{H7}{n6}$					
$\phi20\frac{H7}{s6}$					
$\phi30\frac{H7}{f7}$					
$\phi24\frac{G7}{h6}$					

班级：__________ 姓名：__________ 学号：__________

5. 根据装配图中的配合代号，查表得极限偏差值后标注在零件图上，并回答问题。

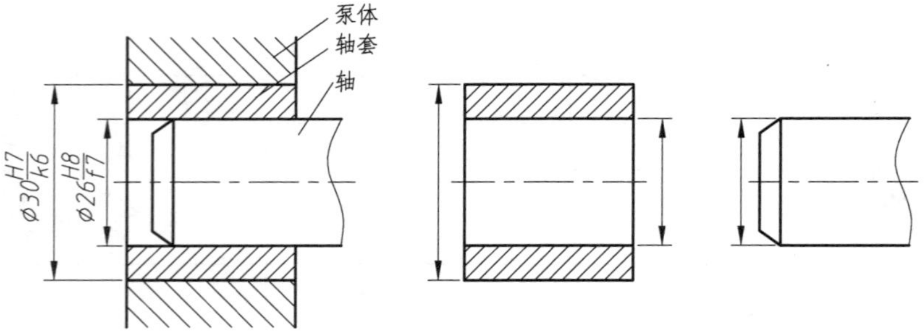

（1）轴套与泵体孔ϕ30 H7/k6。

基本尺寸：________，基________制。

公差等级：轴 IT______级，孔 IT_____级；

轴套与泵体孔是_________配合。

（2）轴与轴套ϕ26 H8/f7。

基本尺寸：________，基________制。

公差等级：轴 IT______级，孔 IT_____级；

轴与轴套是_________配合。

6. 标注轴和孔的基本尺寸及上下偏差值，并回答问题。

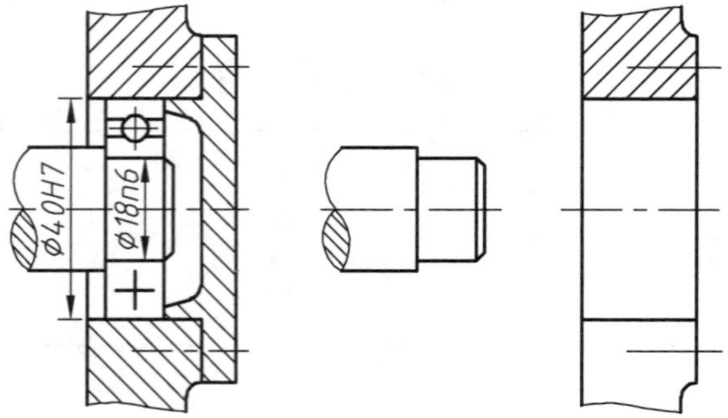

滚动轴承与零件孔的配合为________制，

孔的基本偏差代号为__________；

滚动轴承与轴的配合为_________制，

轴的基本偏差代号为__________；

孔的公差等级为_________级，

轴的公差等级为________级。

　　班级：__________　　姓名：__________　　学号：__________

7. 根据零件图的标注，在装配图上注出配合代号，并回答问题。

（1）轴与轴套孔是__________制配合；
（2）轴套与零件孔是__________制配合。

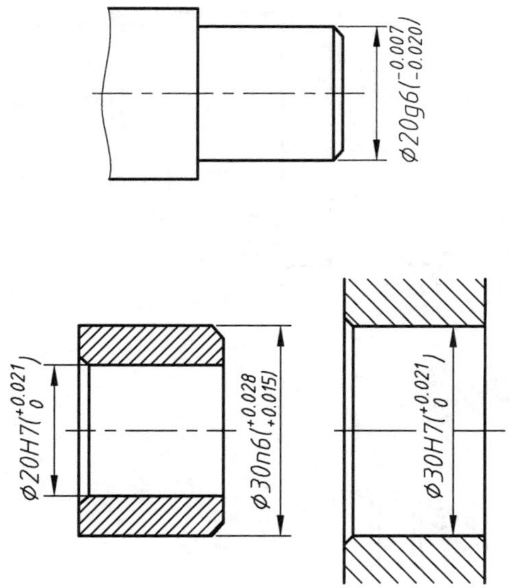

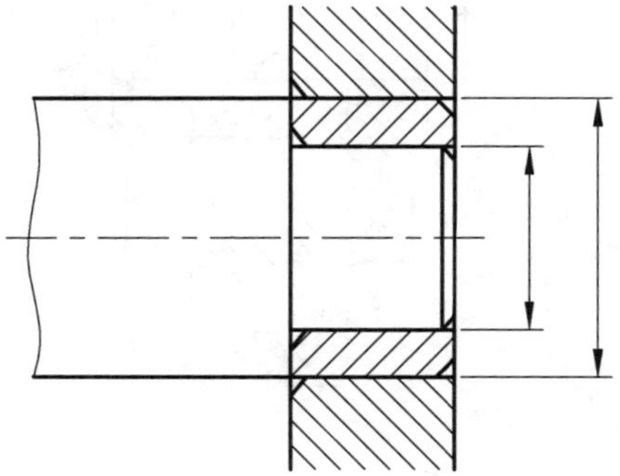

任务页 6-3

8. 根据装配图的标注，在零件图上注出代号。

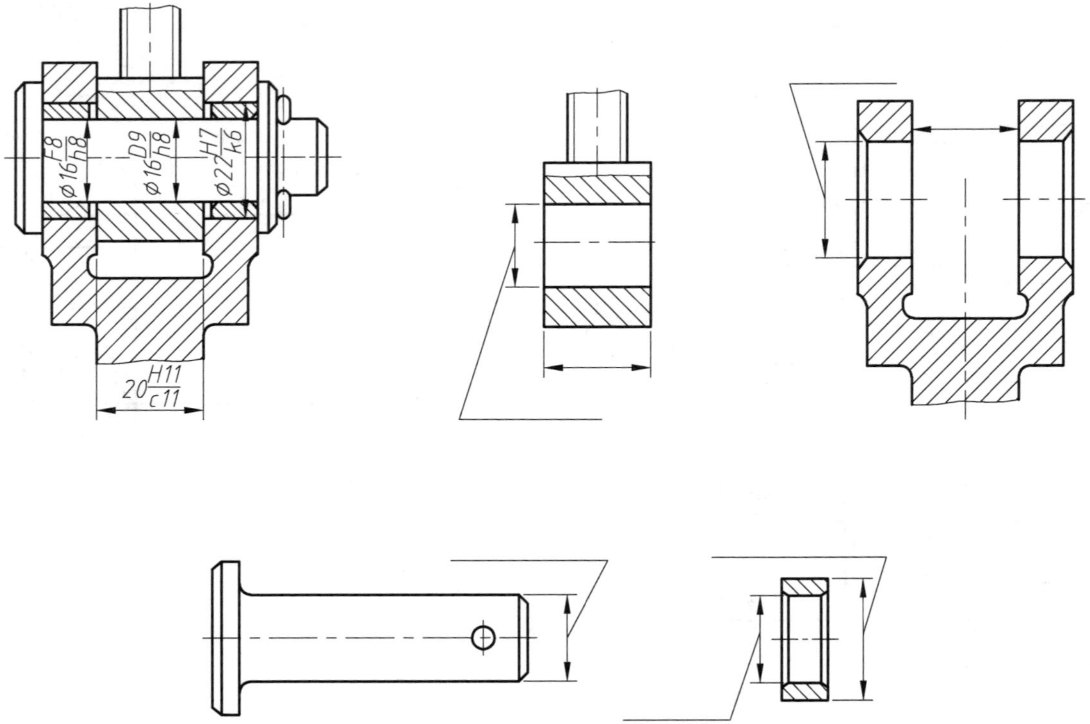

班级：________ 姓名：________ 学号：________

1. 说明下图中几何公差标注的含义。

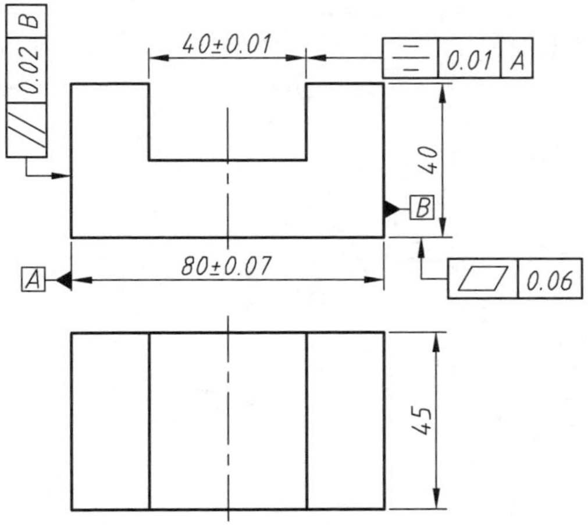

2. 填空，解释下图中所注几何公差的含义。

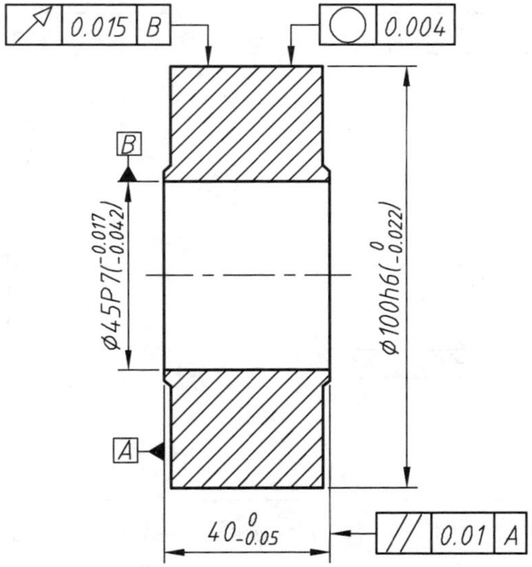

（1）[↗ 0.015 B]：表示提取ϕ100 h6 实际面对以ϕ45 P7 圆孔________为________的________向__________公差为__________。

（2）[○ 0.004]：表示提取ϕ100 h6 实际面的________公差为__________。

（3）[// 0.01 A]：表示提取长 40 实际圆柱______端面对以该圆柱________端面为________的________公差为______。

3. 说明下图中几何公差标注的含义

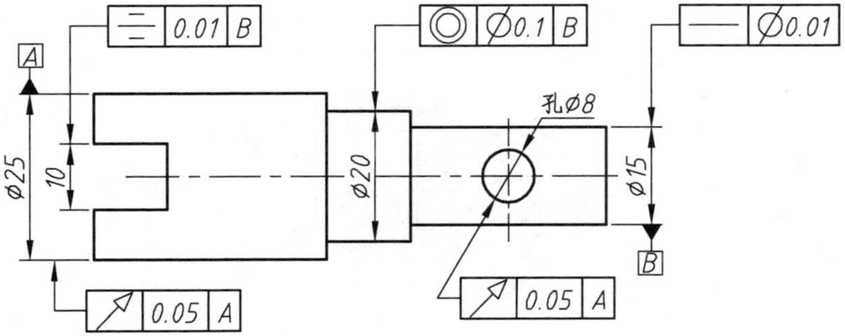

任务页 6–4

4. 标注几何公差：

（1）ϕ50 圆柱面素线的直线度公差为 0.01。

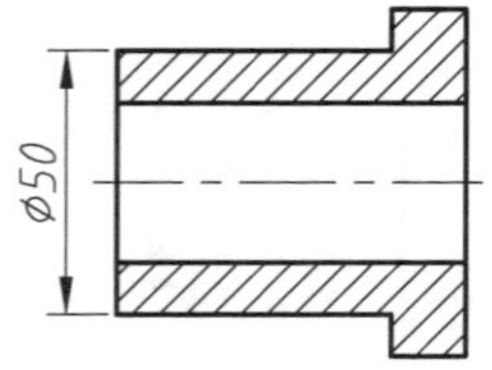

（2）顶面的平面度公差为 0.05。

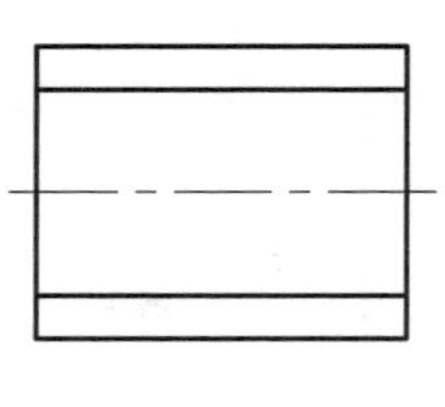

（3）ϕ54 圆柱面的圆柱度公差为 0.1。

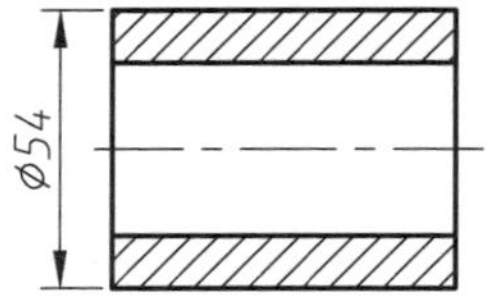

（4）ϕ62 圆柱左端面对 ϕ45 轴线的垂直度公差为 0.06。

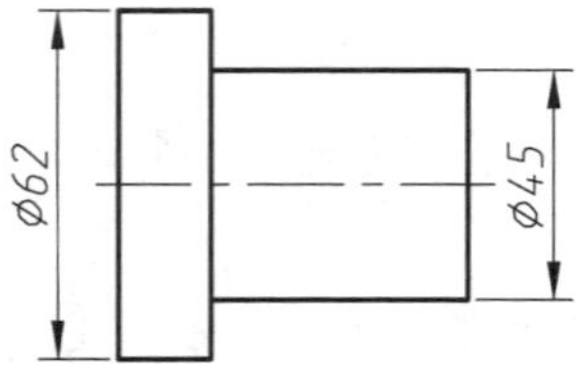

（5）ϕ48 圆柱表面对两端 ϕ24 公共轴线的径向圆跳动公差为 0.05。

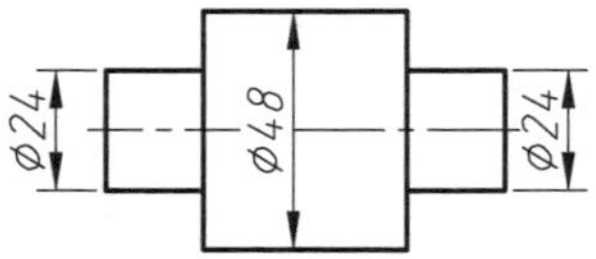

（6）ϕ20 孔中心线对底面的平行度公差为 0.08。

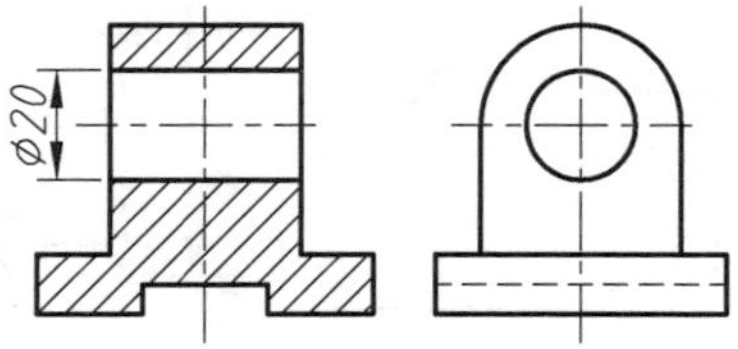

班级：________ 姓名：________ 学号：________

5. 根据以下要求在图中标注几何公差。

（1）ϕ40 h7 的圆柱度公差为 0.15 mm。

（2）ϕ40 h7 轴线对两处ϕ30 k6 轴线的同轴度公差为ϕ0.01 mm。

（3）*A* 面对ϕ40 h7 轴线的垂直度公差为 0.05 mm。

（4）键槽的两侧面对ϕ40 h7 的中心平面对称度公差为 0.02 mm。

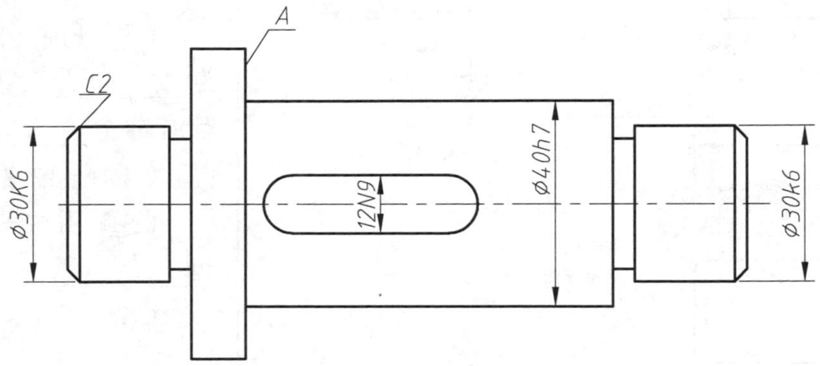

任务页 6–5

1. 读轴承座零件图，回答下列问题。

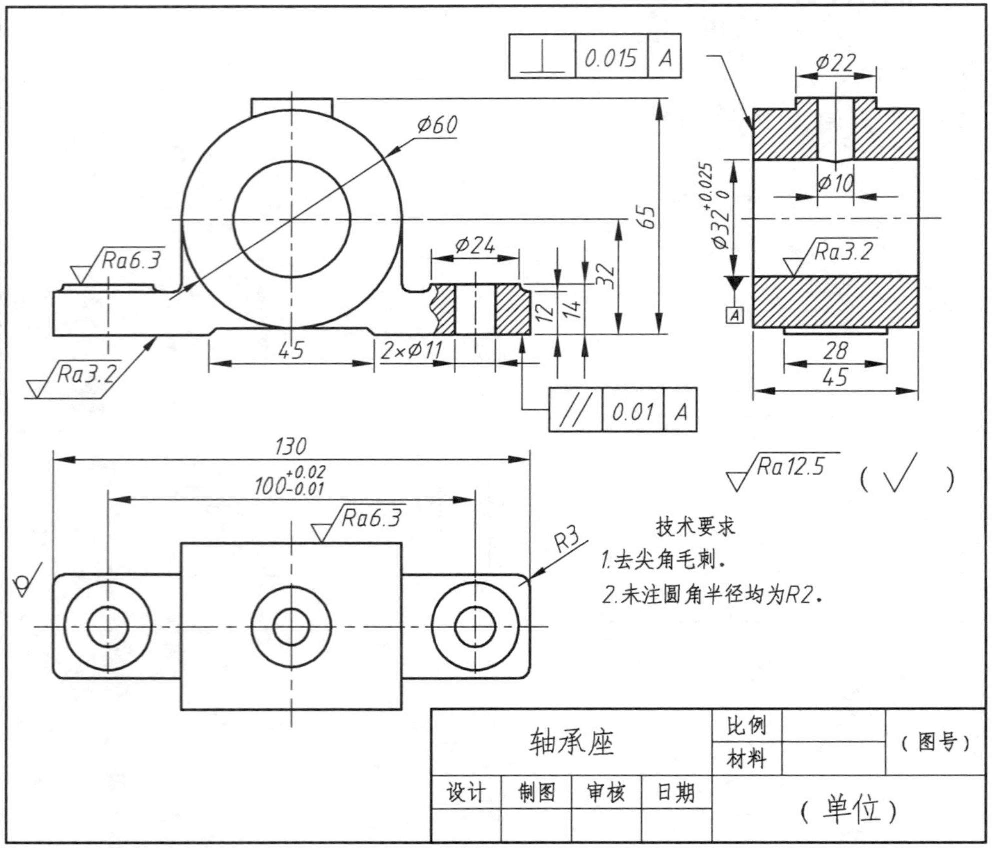

（1）主视图采取了__________剖视，左视图采取了__________剖视。

（2）尺寸 $\phi32H7(^{+0.025}_{0})$ 中，H 表示_______，7 表示_________，上极限尺寸为__________，下极限尺寸为________，公差为__________。

（3）几何公差 [// | 0.01 | A] 中，被测要素为__________，基准要素为__________，项目名称为_________，公差值为________。

（4）图中 $2\times\phi11$ 的定位尺寸为______。

（5）图中最光滑的表面为____________和______________。

（6）图中 $\sqrt{Ra12.5}$（√）的含义是_____________________________。

班级：________________　姓名：________________　学号：________________

2. 读左端盖的零件图，回答问题。

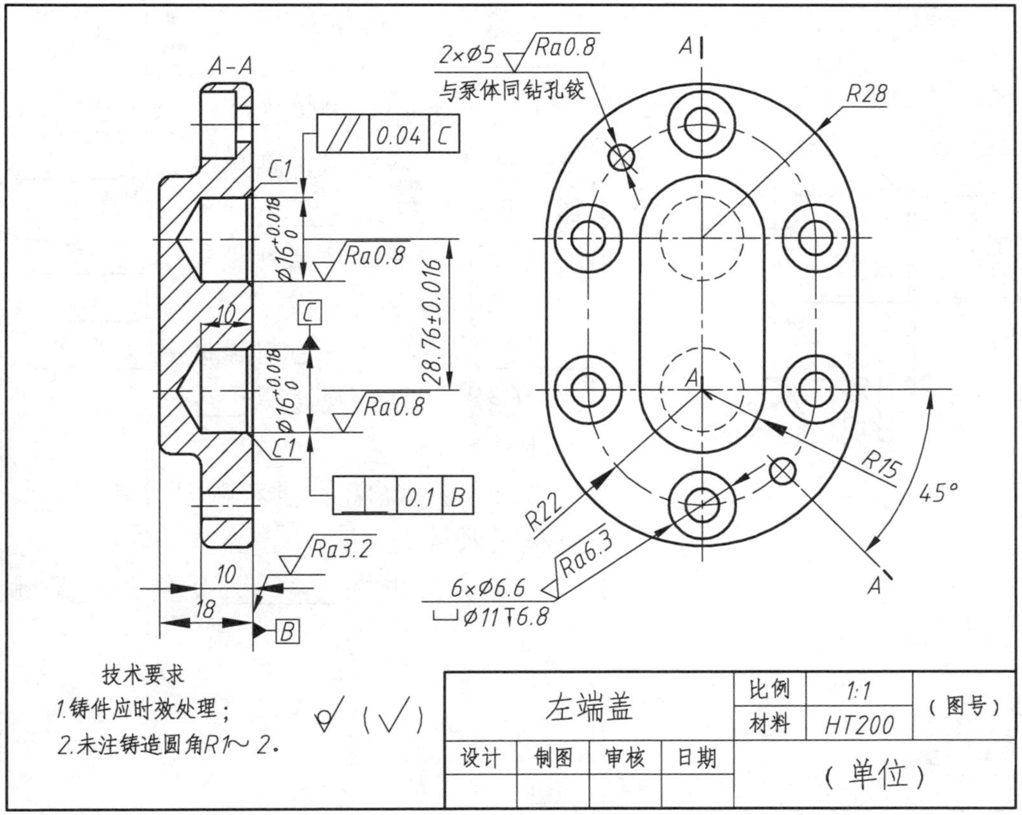

（1）主视图是采用__________剖切平面得到的全剖视图。

（2）尺寸 $\frac{6\times\phi6.6}{\sqcup\phi11\downarrow6.8}$ 所表示的结构是__________，该结构有__________个，6.8 表示______________。

（3）| ⊥ | 0.1 | B | 表示的被测要素是_________，基准要素是________，公差项目是_______，公差值是________。

（4）零件所有加工表面粗糙度要求最高的是__________面，表面结构代号为________。

（5）下列尺寸的类型是：18 属于__尺寸，45°属于_________尺寸，28.76 ± 0.016 属于_______尺寸，*R*22 属于_______尺寸，*R*28 属于______尺寸。

（6）零件长度方向的尺寸基准是_____，宽度方向的尺寸基准是______，高度方向的尺寸基准是______。

（7）尺寸 $\phi16^{+0.018}_{0}$ 中，公称尺寸为___，基本偏差代号为_____，公差为_____。

3. 读阀的零件图，回答问题。

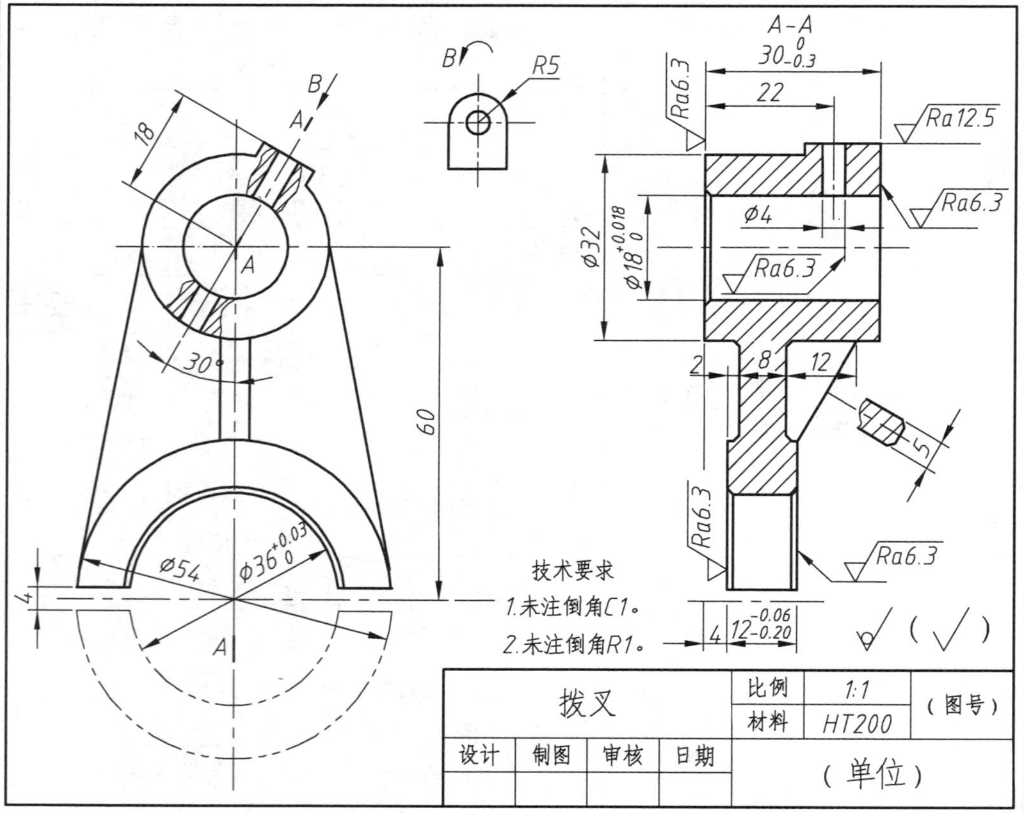

（1）拨叉零件一共用了________个图形来表达形体结构，其中 *A-A* 是________图，*B* 向旋转为________图。

（2）图中的双点划线表示________。

（3）$\phi 4$ 圆孔的定位尺寸是________、________，该孔的表面粗糙度是________。

（4）肋板的厚度是________，其表面粗糙度是________。

（5）$\phi 18_{\ 0}^{+0.018}$孔的上极限尺寸是____，下极限尺寸是______，公差是______。

（6）图中有________处倒角，尺寸为________。

班级：__________ 姓名：__________ 学号：__________

任务页 6-5

4. 读阀的零件图，回答问题：

阀是管道系统中用来启闭或调节流体流量的部件。球阀是阀的一种，它的阀芯是球形的。右图为球阀轴测装配图，由 13 种零件组成，其中螺柱 6 和螺母 7 是标准件。球阀的装配关系是：阀体 1 和阀盖 2 均带有方形凸缘，用 4 个双头螺柱 6 和螺母 7 连接，并用合适的调整垫 5 调节阀芯 4 与密封圈 3 之间的松紧程度。在阀体上部有阀杆 12，阀杆下部有凸块，榫接阀芯 4 上的凹槽。在阀体与阀杆之间加填料垫 8、填料 9 和 10，并旋入填料压紧套 11。

球阀的工作原理比较简单，图示阀芯 4 的位置是阀门全部开启，管道畅通。当扳手 13 按顺时针方向旋转 90°阀门全部关闭，管道断流。

参照轴测装配图识读球阀中主要零件（阀杆、阀盖和阀体）的零件图，并回答问题。

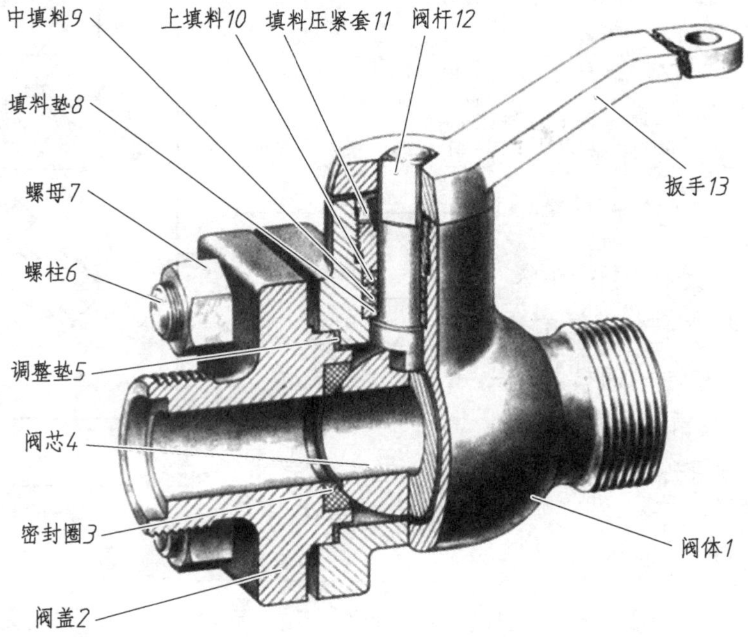

（1）读阀杆的零件图回答问题。

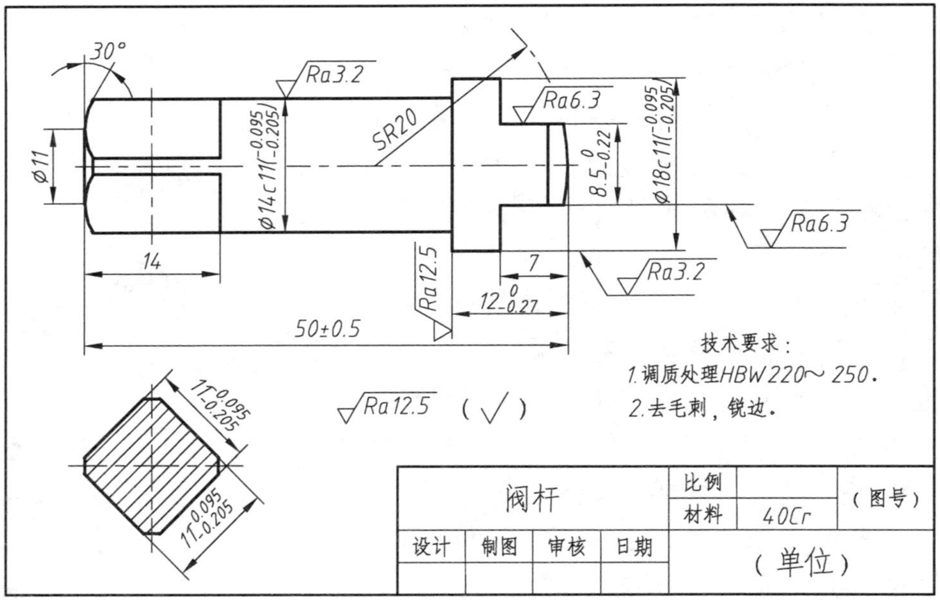

阀杆材料为 40Cr（合金结构钢），属于回转体类零件，参阅球阀轴测装配图回答下列问题。

① 结构分析。

阀杆的左端为带有圆角的四棱柱体，与______的方孔配合，右端的凸榫与_______的凹槽配合；阀杆的作用是通过转动扳手带动______旋转，以控制球阀的_______或_______。

② 表达分析。

阀杆零件图由一个__________图和一个_______图表达。主视图按_______位置将阀杆水平放置，左端的四棱柱体采用_______表示。

③ 尺寸分析。

以水平轴线为径向尺寸基准，也是________和________方向尺寸基准，由此注出尺寸_____、____、____、_____等。凡是尺寸数字后面有公差代号或偏差值，说明零件该部分与其他零件有________关系。如ϕ14 c11 和ϕ18 c11 分别与球阀中的________和________有配合关系，所以表面粗糙度要求较严，*Ra* 值为________。

选择 *Ra*12.5 的端面为阀杆的轴向主要尺寸基准，也是________方向尺寸基准，由此注出尺寸$12^{0}_{-0.27}$，以右端面为轴向第一辅助基准，注出尺寸________、_______以左端面为轴向第二辅助基准，注出尺寸________。

④ 了解技术要求。

阀体应经过调质处理，即淬火后在 450～600 °C 进行高温回火，布氏硬度（HBW）达_________，以提高材料的韧性和强度。

　　班级：__________　　姓名：__________　　学号：__________

（2）读阀盖的零件图回答问题，并用 AutoCAD 绘制阀盖零件图。

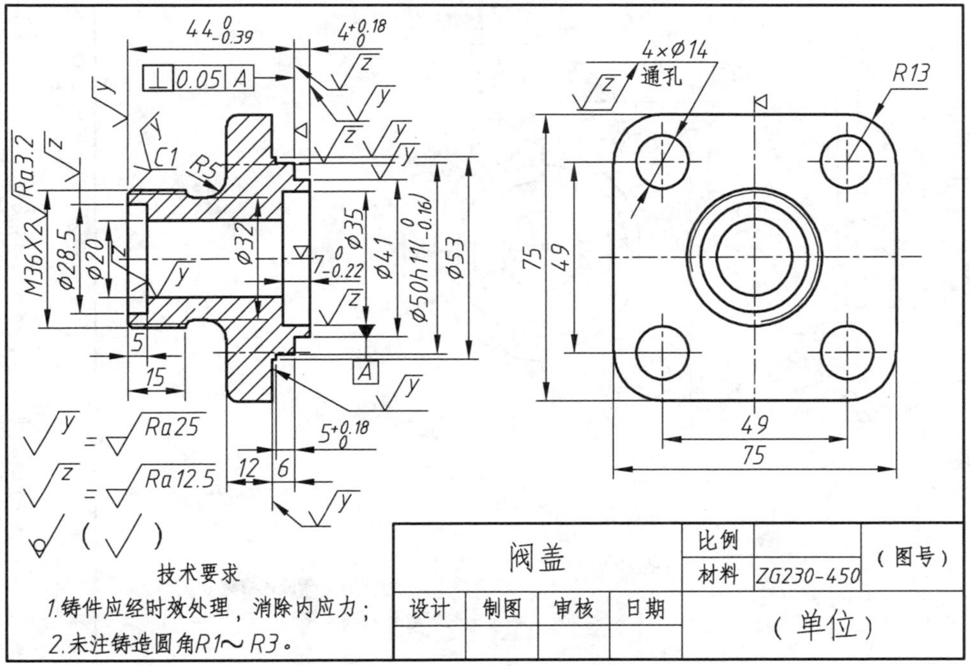

① 结构分析。

对照球阀轴测装配图，阀盖通过______与阀体连接，中间的通孔与________的通孔对应。为了防止流体泄漏，阀盖与阀体之间装有_____垫，与阀芯之间装有________圈。

② 表达分析。

主视图采用______，选用轴线水平放置，既符合_______位置，又符合阀盖在球阀中的________位置。左视图用外形视图表示带圆角的____形凸缘，以及其 4 个角上的____孔。

③ 尺寸分析。

以轴孔的轴线为______方向尺寸基准，由此注出阀盖各部分的直径尺寸。以阀盖的重要端面（⊥ 0.05 A 处）为_______方向尺寸基准。以阀盖的前后对称面为________方向尺寸基准，注出带圆角的方形凸缘的外形尺寸______，四个通孔的定位尺寸为_____。

④ 了解技术要求。

阀盖是铸件，需进行______处理，消除______。注有尺寸公差的 ϕ50 h11，对照球阀轴测装配图可看出，阀盖与_____有配合关系。

（3）读阀体零件图，抄画零件图并回答下列问题。

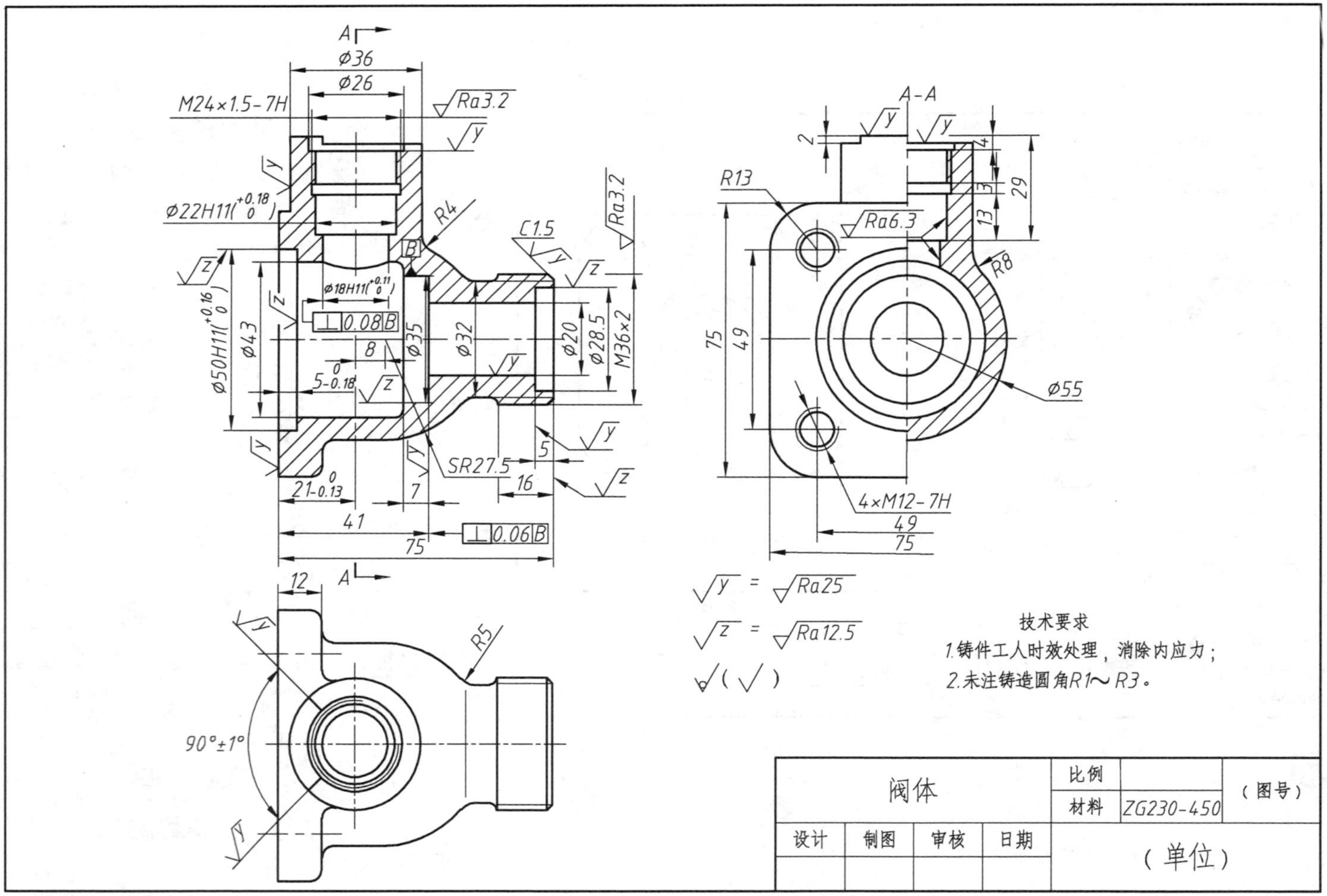

班级：________ 姓名：________ 学号：________

任务页 6-5

① 阀体材料为__________，其结构形状特征明显，是一个具有三通管式空腔的零件。对照球阀轴测装配图，阀体左端的ϕ50 H11 圆柱形槽与_________的圆柱形凸缘相配合。阀体空腔右侧ϕ35 圆柱形槽用来放置________，以保证球阀在关闭时不泄漏流体。阀体右端有用于连接管道系统的外螺纹_________，内部有阶梯孔ϕ28.5、ϕ20与空腔相通。在阀体上部的ϕ36 圆柱体中，有阶梯孔ϕ26、ϕ22 H11、ϕ18 H11 与_________相通，在阶梯孔内容纳_________、________、________等。阶梯孔的顶端有一个 90°扇形限位块（对照俯视图）用来控制扳手和阀杆的__________。

② 尺寸分析。以阀体水平孔的轴线为高度方向主要尺寸基准，注出各水平孔的直径尺寸_______、________、_________、_________、_________、_________以及右端外螺纹__________。同时，注出水平轴线到顶端的高度尺寸（在左视图上）。以阀体铅直孔轴线长度方向为主要尺寸基准，注出__________、__________、__________、__________、_________。注出铅直孔轴线到左端面的距离__________。以阀体前后对称面为宽度方向主要尺寸基准，在左视图上注出阀体的圆柱体外形尺寸__________，左端面方形凸缘外形尺寸__________，以及 4 个螺孔的宽度方向定位尺寸__________，俯视图上注出前后对称的扇形限位块的角度尺寸__________。

③ 读技术要求。通过上述尺寸分析看出，阀体中比较重要的尺寸都注有公差代号或偏差值，以及相应的表面粗糙度。如注有尺寸公差的ϕ22H11 和ϕ18 H11 与填料垫和阀杆有配合关系，并有相对运动，所以表面粗糙度要求较严，*Ra* 值为__________μm。主视图中对阀体的几何公差要求：空腔的右端面相对ϕ35 圆柱槽轴线的垂直度公差为_________mm，ϕ18 H11 圆柱孔轴线相对ϕ35 圆柱槽轴线的垂直度公差为_________mm。

5. 读拨叉零件图，并补画视图。

（1）画 *A-A* 断面图，如剖切符号注在主视图上，断面图方位有无变化，比较一下，剖切符号注在哪个视图上便于看图。

（2）在指定位置补画 *B* 局部视图（这个是什么视图）。

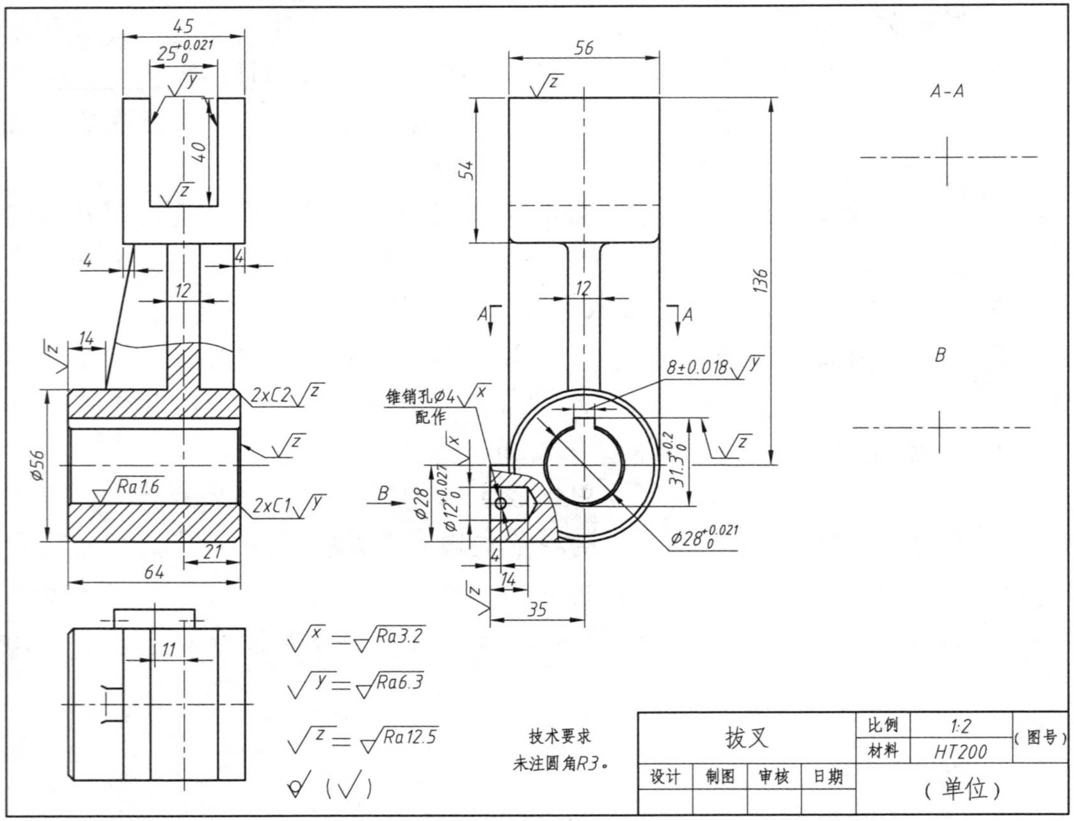

班级：________ 姓名：________ 学号：________

6. 根据给出的轴测图绘制零件工作图，图幅、比例自定，并标注尺寸和技术要求。

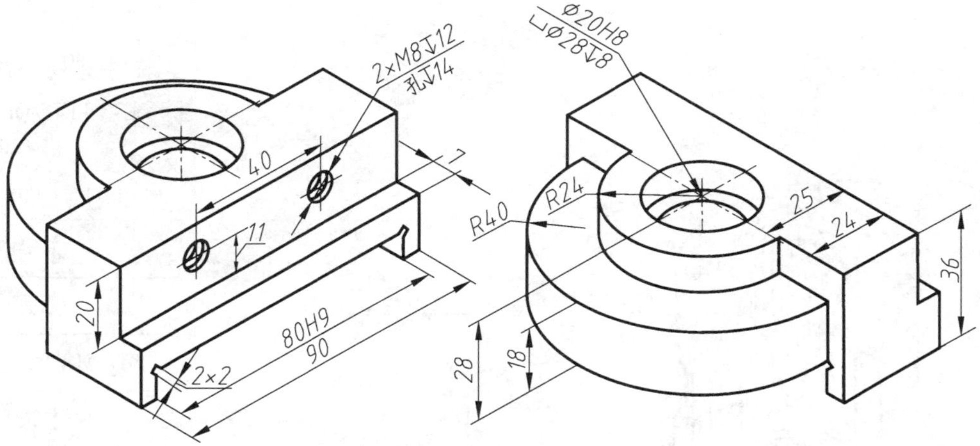

零件名称：活动钳身；材料：HT150；技术要求：未注铸造圆角 $R2\sim R3$。

表面粗糙度的要求

表面	顶面	ϕ28 mm 沉孔	ϕ20 H8 孔	钳口侧面和底面
Ra/μm	6.3	6.3	1.6	6.3
表面	底面	钳爪侧面	其余	
Ra/μm	3.2	6.3	√	

7. 根据给出的轴测图绘制零件工作图，图幅、比例自定，并标注尺寸和技术要求。

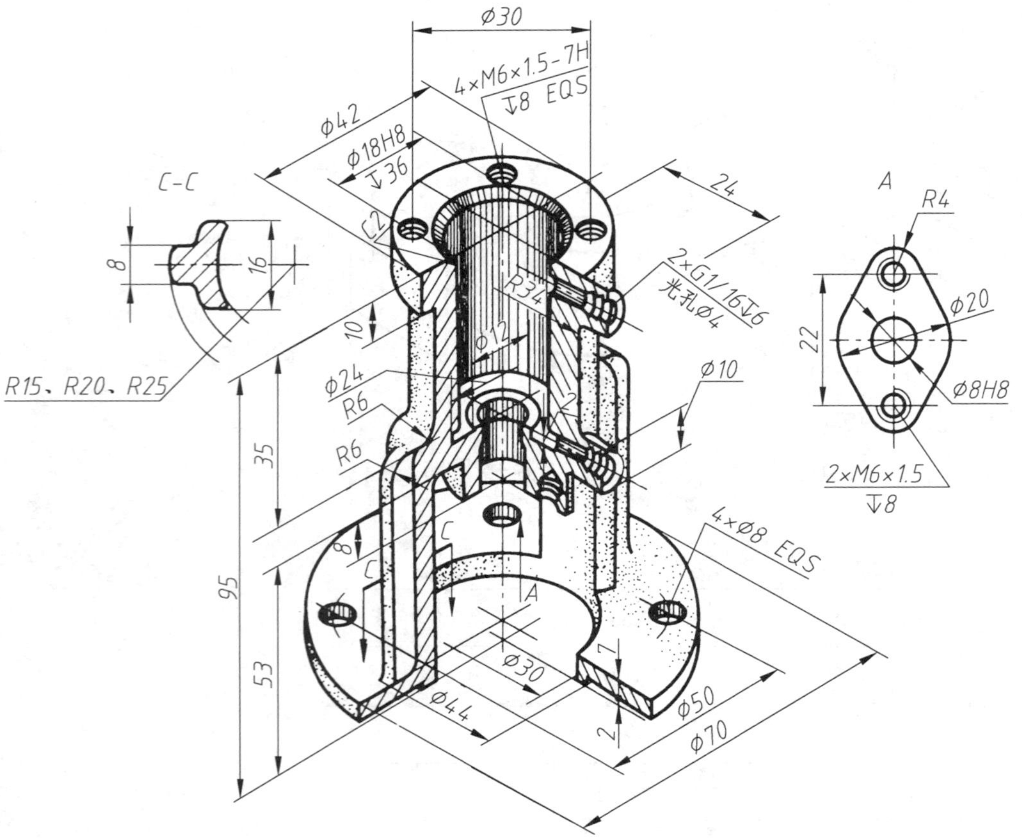

零件名称：缸体；
材料：HT200；
技术要求：未注铸造圆角 *R*2 ~ *R*3。

表面粗糙度的要求

表面	*Ra*/μm
ϕ18 H8 圆孔表面	1.6
缸体顶面	3.2
*C*2 倒角表面	3.2
ϕ8 H8 孔表面	1.6
端面	6.3
所有螺孔	3.2
其余加工表面	12.5
毛坯面	✓

 班级：________ 姓名：________ 学号：________

任务页 7–1

请准确读出下列游标卡尺的读数。

（1）

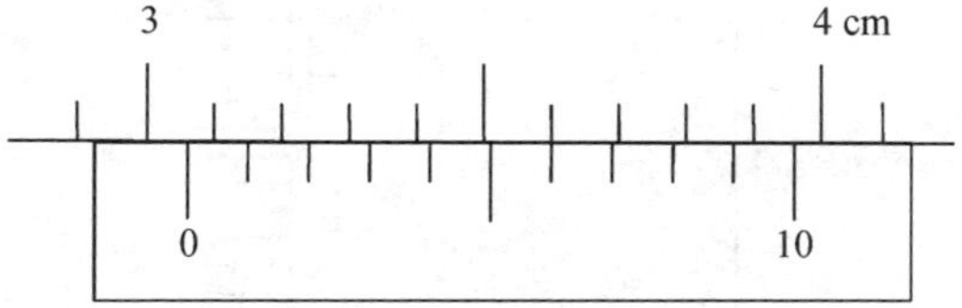

（2）

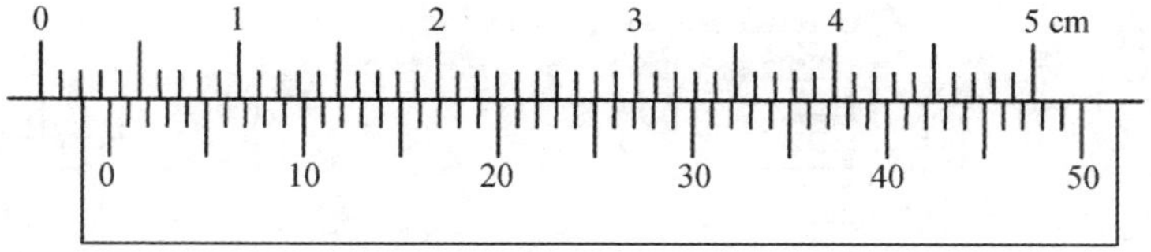

（3）

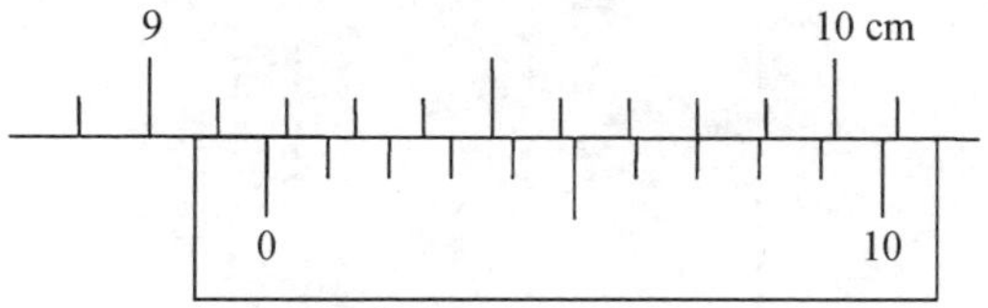

（4）

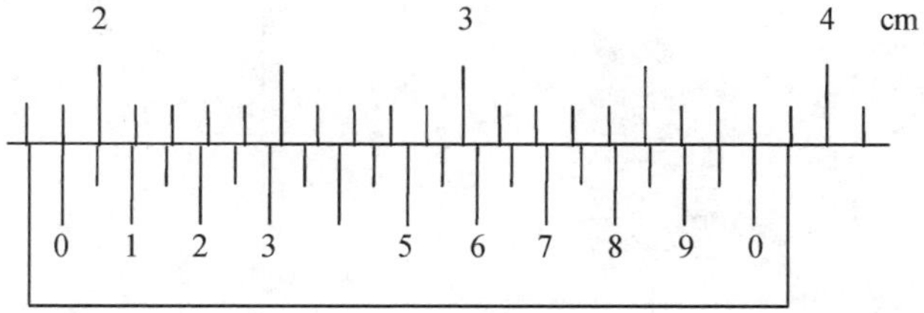

（5）

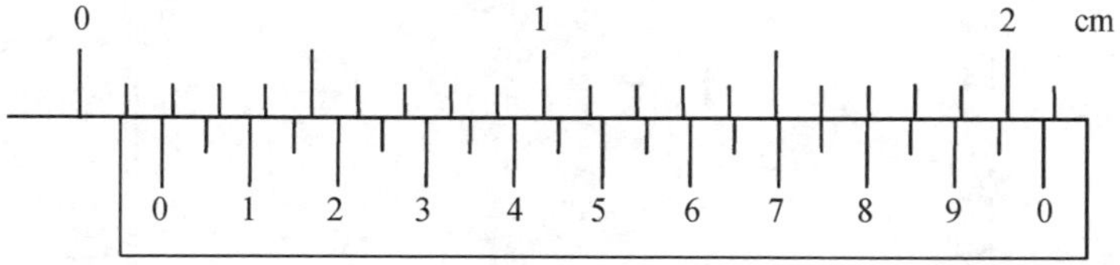

读数：________mm

任务页 7–2

请准确读出下列千分尺的读数。

（1）

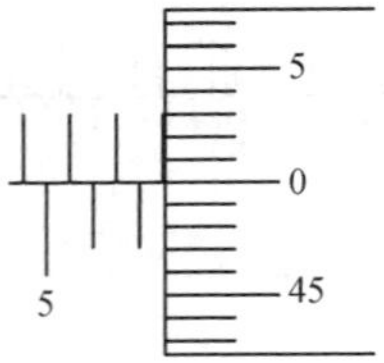

读数：________mm

（2）

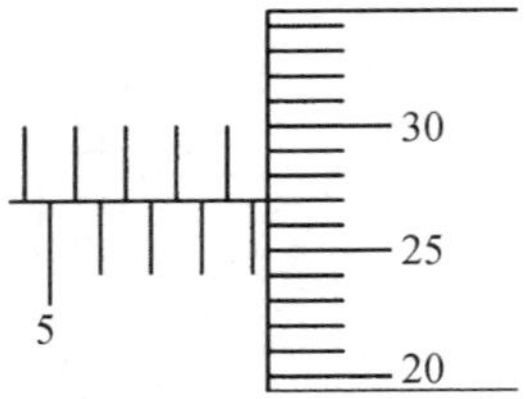

读数：________mm

（3）

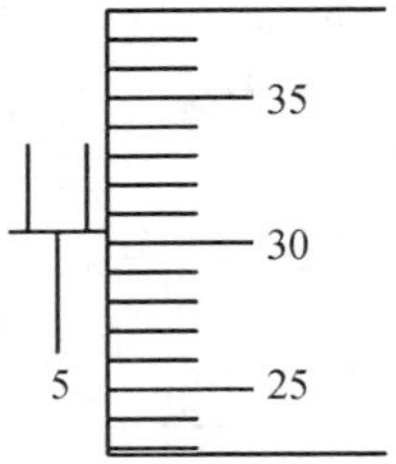

读数：________mm

（4）

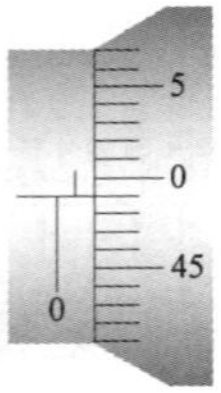

读数：________mm

（5）

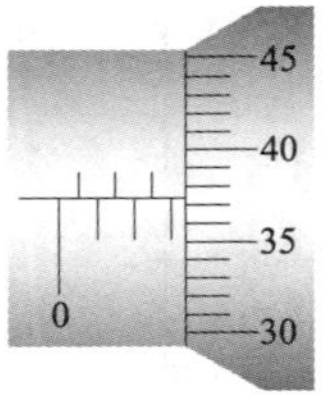

读数：________mm

（6）

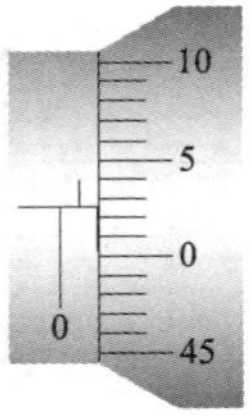

读数：________mm

（7）

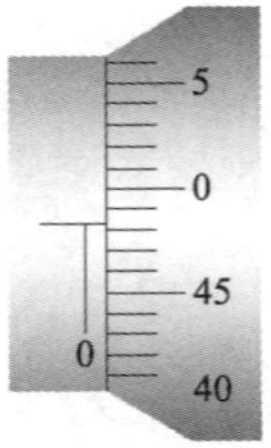

读数：________mm

（8）

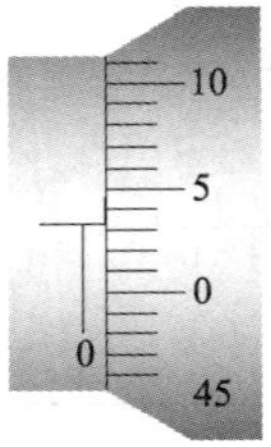

读数：________mm

（9）

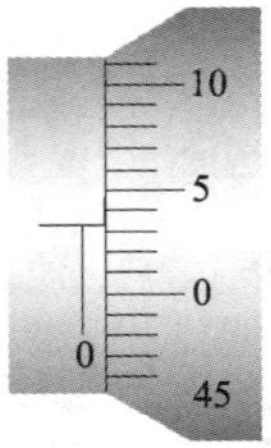

读数：________mm

班级：________ 姓名：________ 学号：________

任务页 7–3

1. 填空题

（1）______是保证轮对在钢轨上运行不致脱轨的最重要部位。

（2）使用第四种检查器时，应首先校核其基准，其基线定于______mm 处。

（3）用第四种检查器测量轮对踏面圆周磨耗时，测量值精度可达______mm。

（4）在运用车轮直径尺前，同一车轮须检查垂直直径两处，两直径之差不能大于______mm。

（5）轮对检查器须保持______和______，不得碰伤或生锈。

（6）从车轮内侧面向外______处踏面上一点称为基点，由基点组成的线叫基线。

（7）踏面沿径向的厚度部分称为______。

（8）从车轮内侧面向外 16 mm 处轮缘上的一点，称为______顶点。

（9）______是用以安装滚动轴承，负担着车辆重量，并传递各方向的静动载荷。

（10）第四种检查器由______、______、样板三部分组成。

2. 简答题

（1）第四种检查器可用于检测车轮轮对的哪些相关参数？

（2）简述车轮直径检查尺的使用原理。（两种轮径尺均需简述）

（3）利用所学知识画出轮对，并指出轮对各部分名称。

任务页 7-4

根据教师给定的实际零件，进行测绘，请选择合理的表达方式，徒手绘制草图，并用 AutoCAD 绘制零件图且标注尺寸。

班级：________ 姓名：________ 学号：________

任务页 8-1

1. 看装配图，回答下列问题。

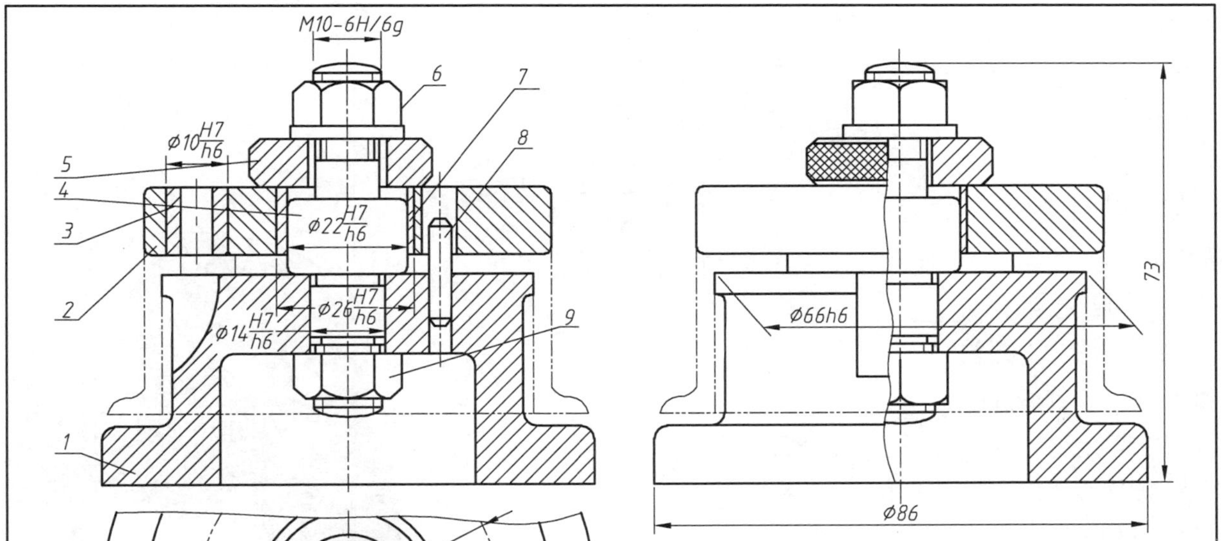

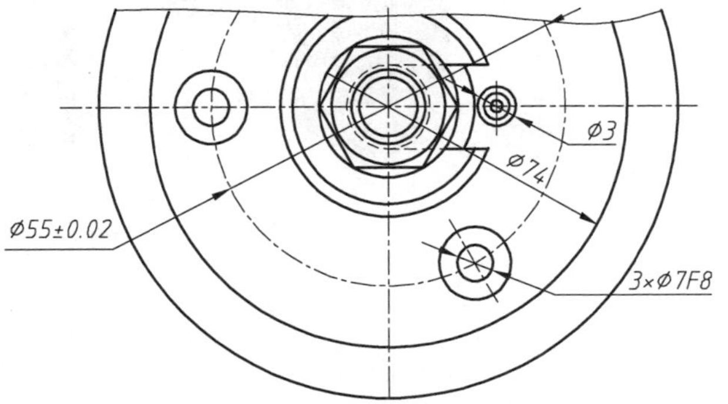

9	六角螺母	1	35	
8	圆柱销3m6×28	1	40	GB/T 119.1
7	衬套	1	45	
6	特制螺母	1	35	
5	开口垫圈	1	40	
4	轴	1	40	
3	钻套	1	T8	
2	钻模板	1	40	
1	底座	1	HT150	
序号	名称	数量	材料	备注

钻模			比例		（图号）
			材料		
设计	制图	审核	日期	（单位）	

任务页 8-1

（1）装配体的名称是______，由_____种零件组成。

（2）装配图由________个视图组成。主视图采用了_______视图，俯视图采用了_______视图，左视图采用了_______图的表达方法。

（3）2 号件与 3 号件是_______配合，4 号件与 7 号件是_______配合，7 号件与 2 号件是_______配合。

（4）取卸工件时应先旋松_____号件，再取下_____号件，然后拿下钻模板，取出被加工的零件，钻模上装夹的工件一次可钻_____个孔。

（5）件 1 底座上有______个圆弧槽，其作用是_________，底座与被加工件的定位尺寸是_______。

（6）尺寸 $\phi 26\frac{H7}{h6}$ 是件______和件______零件的尺寸，它们属于_______制的_______配合，其中 H7 表示_______的公差带代号，h6 表示__________的公差带代号。

（7）该钻模的总体尺寸为___________________。

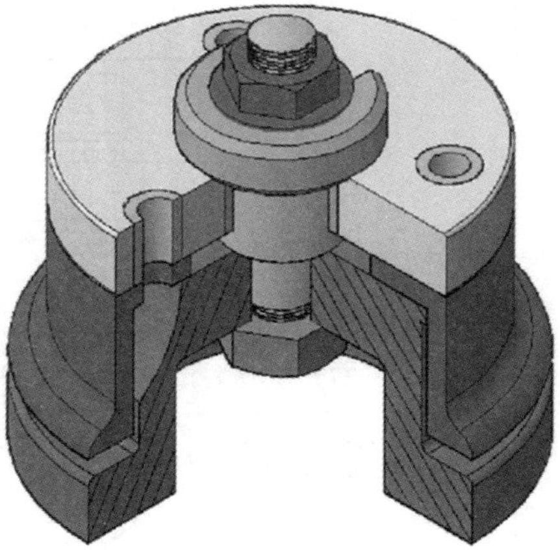

班级：____________ 姓名：____________ 学号：____________

2. 看装配图，回答下列问题。

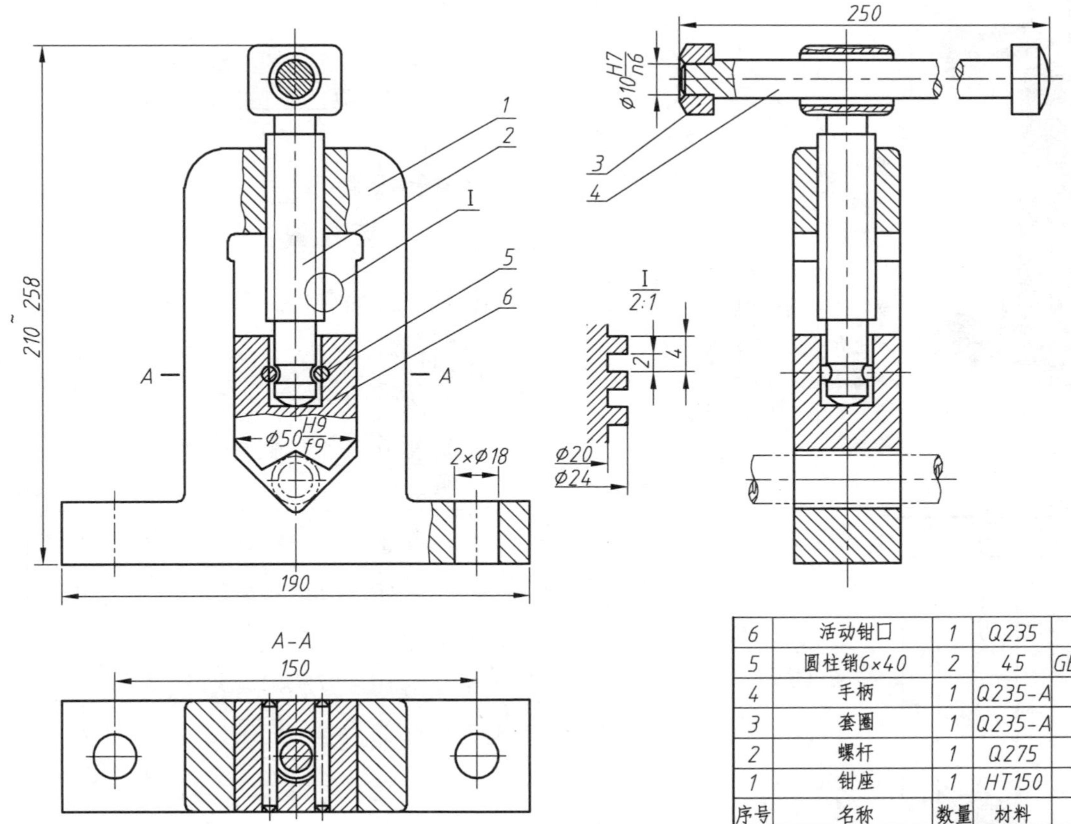

6	活动钳口	1	Q235	
5	圆柱销6×40	2	45	GB/T 119.1—2000
4	手柄	1	Q235-A	
3	套圈	1	Q235-A	
2	螺杆	1	Q275	
1	钳座	1	HT150	
序号	名称	数量	材料	备注

管钳		比例		（图号）
		材料		
设计	制图	审核	日期	（单位）

班级：__________ 姓名：__________ 学号：__________

任务页 8-1

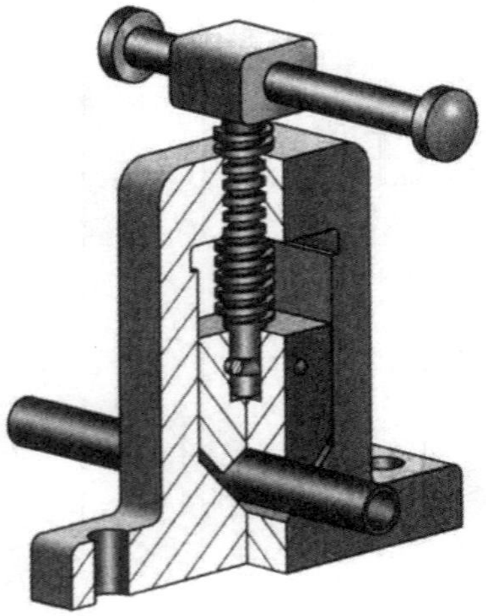

工作原理

管钳是用于夹紧管子以进行加工及装配的装置。活动钳口6和螺杆2用两根圆柱销5连接。

使用时，转动手柄4，螺杆2即可通过螺纹副下降或上升，随即通过圆柱销5带动活动钳口6下降或上升，起到夹紧或松开管子的作用。

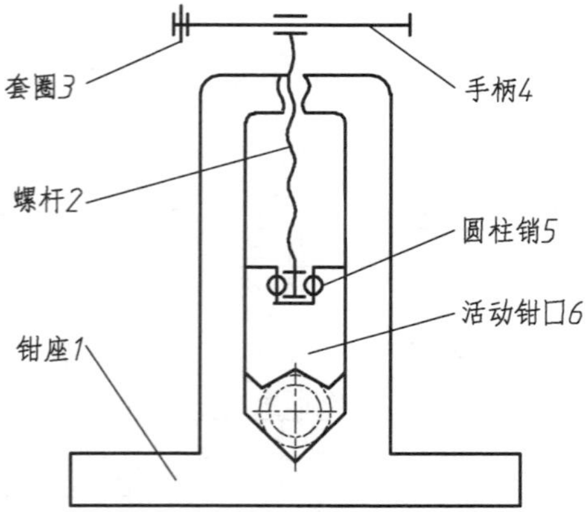

（1）管钳由________种零件组成，其中标准件有____种。

（2）管钳共用______个视图表示，主视图采用了______图，俯视图采用了______图。

（3）分析装配图中的尺寸，其中 $50\frac{H9}{f9}$ 是______尺寸，$\phi10\frac{H7}{n6}$ 是______尺寸，$2\times\phi18$ 是______尺寸。

（4）管钳中的螺纹是什么类型的螺纹？

____________________。

（5）当手柄 4 转动时，为什么活动钳口 6 不随着一起转动而只做升降运动？____________，活动钳口的升降范围为________mm。

（6）图中的细双点划线表示____________。

（7）拆画钳座 1 或活动钳口 6。

1. 看装配图，回答下列问题。

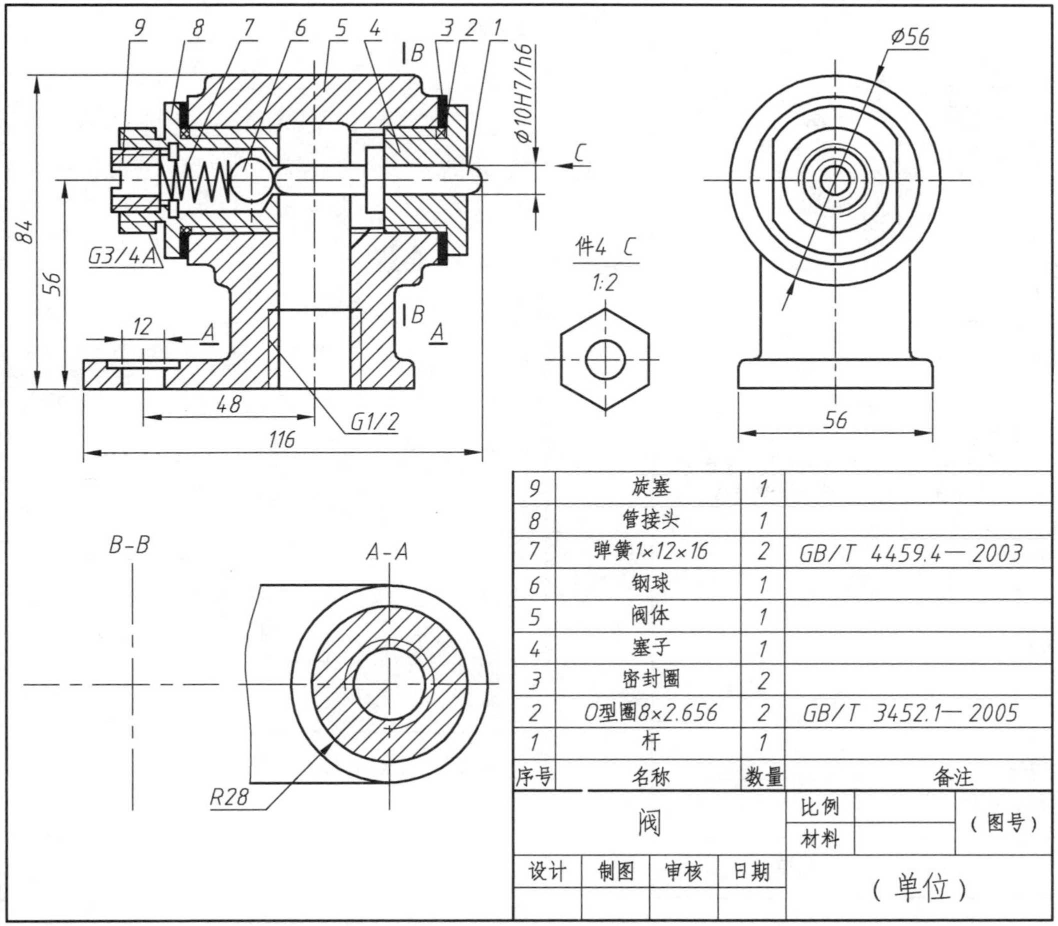

9	旋塞	1	
8	管接头	1	
7	弹簧1×12×16	2	GB/T 4459.4—2003
6	钢球	1	
5	阀体	1	
4	塞子	1	
3	密封圈	2	
2	O型圈8×2.656	2	GB/T 3452.1—2005
1	杆	1	
序号	名称	数量	备注

阀		比例			（图号）
		材料			
设计	制图	审核	日期	（单位）	

阀的工作原理：当杆 1 受到力的作用向左移动时，钢球 6 压缩弹簧 7，阀门被打开；当去掉外力时，钢球在弹簧的作用下将阀门关闭。

（1）该装配体的名称是________，由___个零件组成，其中标准件___个。

（2）该装配体共用了_______个视图表达。其中主视图采用了______剖，*C* 向视图是为了表达__________。

（3）该装配体的总体尺寸是长________，宽________，高________；G1/2 的含义是________________。

（4）ϕ10H7/h6 的含义是________。

（5）装配图中零件 2 和零件 3 的作用是____________________________。

（6）在指定位置画出零件 4 的 *B-B* 移出断面图。

班级：__________ 姓名：__________ 学号：__________

2. 看装配图，回答下列问题。

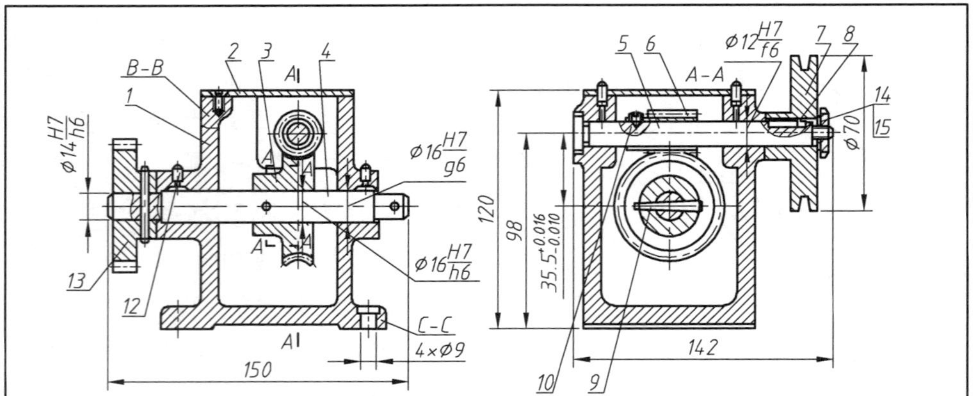

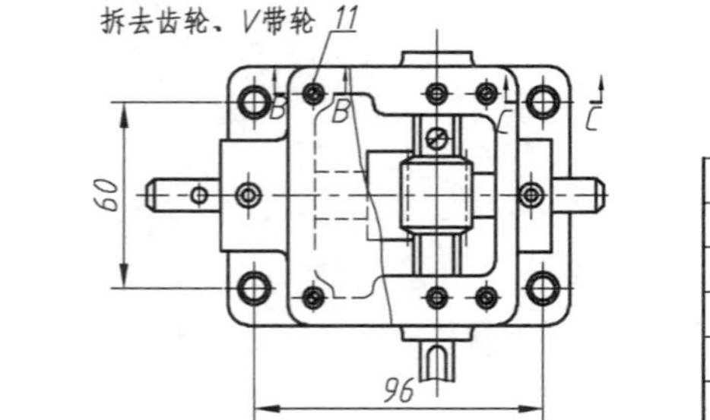

工作原理

蜗轮减速器是通过一对蜗杆、蜗轮的啮合传动达到减速的目的。动力由V带轮7输入，通过蜗杆轴和蜗杆带动蜗轮旋转，将动力传动给齿轮，从而带动别的机构旋转。

序号	名称	数量	材料	备注
15	垫圈10	1	Q235-A	GB/T 97.1—2002
14	圆螺母M10×1	1	Q235-A	
13	齿轮	1	45	
12	油杯	4		
11	沉头螺钉M3×6	4	Q235-A	GB/T 68—2000
10	紧定螺钉M3×5	1	Q235-A	GB/T 71—1985
9	圆锥销3×28	2	Q235-A	GB/T 117—2000
8	键4×4×16	1	Q235-A	GB/T 1096—2003
7	V带轮	1	HT200	
6	蜗杆	1	40Cr	
5	蜗杆轴	1	45	
4	蜗轮轴	1	45	
3	蜗轮	1	ZCuSn10Pb1	
2	盖板	1	Q235-A	
1	箱体	1	HT150	

蜗轮减速器				比例	1:2	（图号）
				材料		
设计	制图	审核	日期	（单位）		

（1）装配图用_____个图形表示，各图形的名称是_____图，作_____剖；_____图，作_____剖，_____画法；_____图，作_____剖，它是用_____的剖切平面剖切获得的。

（2）该装配体共有_____种零件，其中标准件（含标准组件）共_____种。

（3）该箱体的盖板用_____个_____与箱体连接，它们的规格是________。

（4）V带轮与蜗杆轴用_____连接，它的规格是_____，材料是_____。

（5）装配图上的规格尺寸是_____，装配尺寸是__________，外形尺寸是_____，安装尺寸是_____。

（6）左视图上，$\phi12\frac{H7}{f6}$ 的含义是________________。

（7）拆画件1（箱体）、件5（蜗杆轴）的零件图。

 班级：________ 姓名：________ 学号：________

3. 看装配图，回答下列问题。

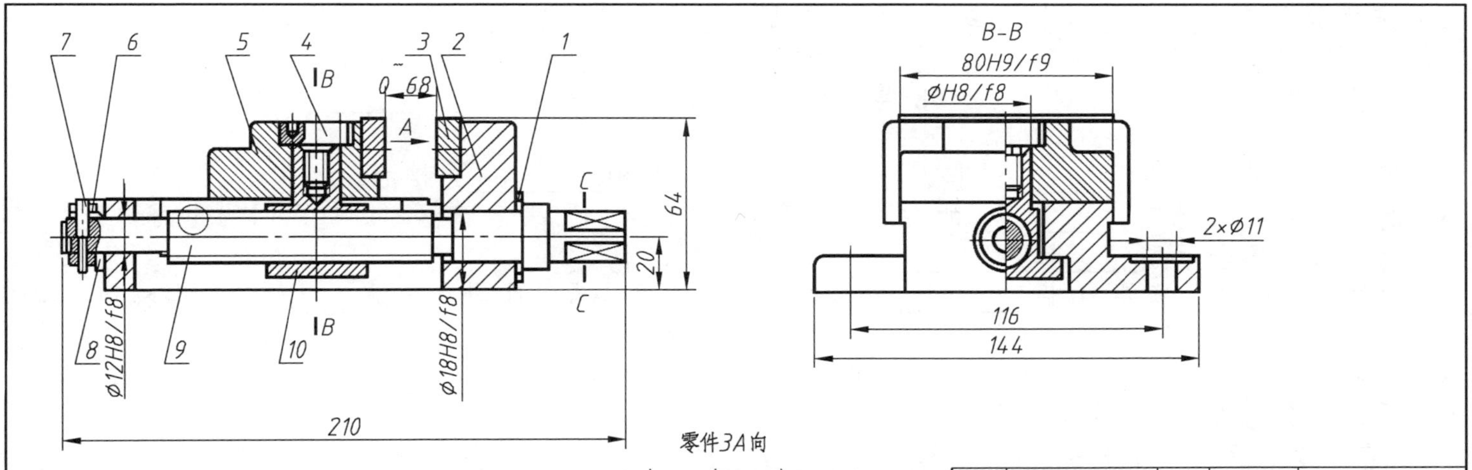

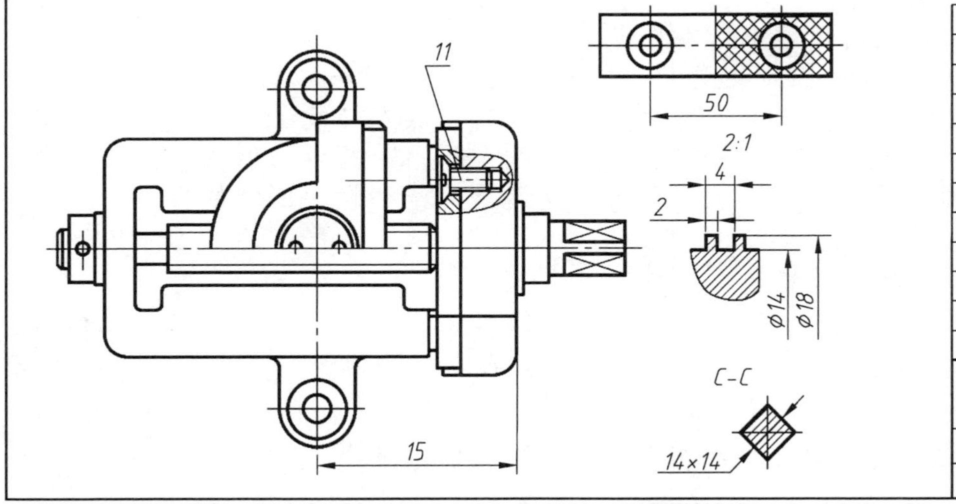

序号	零件名称	序号	材料	备注
11	螺钉M10×20	4	Q235-A	GB/T 68—2000
10	螺母	1	Q235-A	
9	螺杆	1	45	
8	垫圈12-140HV	1	Q235-A	GB/T 97.1—2002
7	销4×25	1	Q235-A	GB/T 117—2000
6	挡圈	1	Q235-A	
5	活动钳身	1	HT150	
4	螺钉	1	Q235-A	
3	钳口板	2	45	
2	固定钳身	1	HT150	
1	垫圈8-140HV	1	Q235-A	GB/T 97.1—2002

机用虎钳	比例		数量	
	材料			
制图				
考号				

班级：__________ 姓名：__________ 学号：__________

任务页 8–2

（1）该装配体共由________种零件组成。

（2）该装配图共有________个图形，它们分别是________剖的________，_____剖的________，_____剖的________，移出________，局部________，单独表达零件 3 的________。

（3）按装配图的尺寸分类，尺寸 0～68 属于_______尺寸，尺寸 116 属于_______尺寸，尺寸 210、144、64 属于_______尺寸。

（4）零件 2 与零件 3 为________连接，零件 6 与零件 9 是由________连接的。

（5）断面图 *C-C* 表达零件________的右端断面形状，“14×14”表示断面各对边之间的距离均为________。

（6）局部放大图表示了______________。

（7）螺杆 9 旋转时，零件 10 做________方向运动，其作用是为了使钳身 5 做________方向移动，钳口张开或闭合。

（8）零件 9 与零件 2 左右两端的配合代号是________，它们是表示________制，______配合。

（9）零件 5 与零件 10 是通过________来固定的。

（10）零件 4 上的两个小孔有什么用途？

（11）简述装配体的装、拆顺序。（在合适的位置填入零件序号）

① 先将钳口板____，各用两个螺钉____装在固定钳身____和活动钳身____上。② 将螺母____先放入固定钳身____的槽中，然后将螺杆____（装上垫圈____）旋入螺母____中；再将其左端装上垫圈____、挡圈____，同时钻铰加工销孔，然后打入圆锥销____，将挡圈____和螺杆____连接起来。③ 将活动钳身____跨在固定钳身上，同时要对准并装入螺母____上端的圆柱部分，再拧上螺钉____，装配完毕。该装配体的拆卸顺序与装配顺序相反。

（12）简述机用虎钳的工作原理。（在合适的位置填入零件序号）

机用虎钳是装在机床上夹持工件用的。螺杆____由固定钳身____支撑，在其尾部用圆锥销____把挡圈____和螺杆____连接起来，使螺杆只能在固定钳身上转动。将螺母____的上部装在活动钳身____的孔中，依靠螺钉把活动钳身____和螺母____固定在一起。当螺杆转动时，螺母便带动活动钳身做轴向移动，使钳口张开或闭合，把工件松开或夹紧。为了避免螺杆在旋动时，其台肩和环同钳身的左右端面直接摩擦，又设置了垫圈____和____。

 班级：________________ 姓名：________________ 学号：________________

4. 识读球阀装配图。

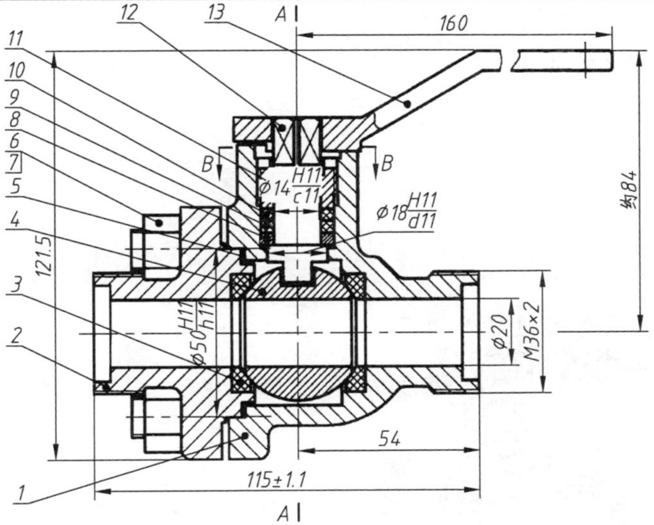

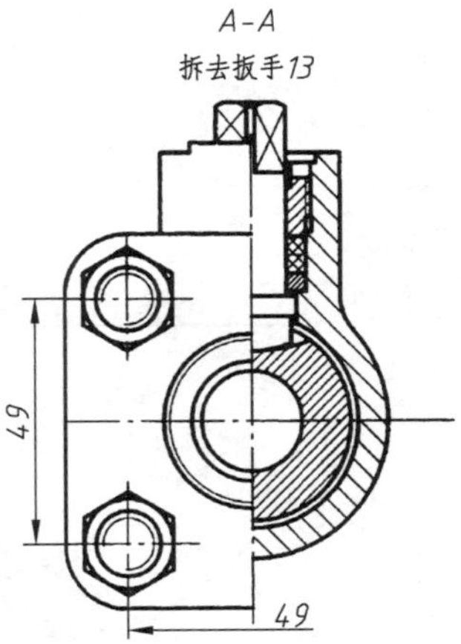

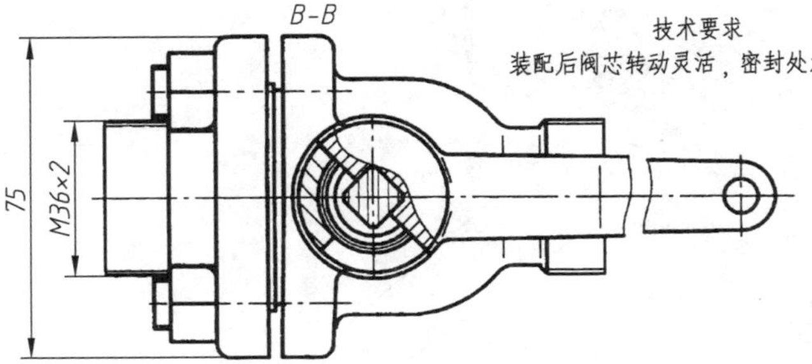

技术要求

装配后阀芯转动灵活，密封处无泄漏。

序号	零件名称	序号	材料	备注
13	扳手	1	ZG230-450	
12	阀杆	1	40Cr	
11	压紧套	1	35	
10	上填料	2	聚四氯乙烯	
9	中填料	1	聚四氯乙烯	
8	填料垫	1	40Cr	
7	螺母M12	4	Q235	QB/T 6170-2000
6	螺柱M12x30	4	Q235	QB/T 897-1988
5	调整垫	1	聚四氯乙烯	
4	阀芯	1	40Cr	
3	密封圈	2	聚四氯乙烯	
2	阀盖	1	ZG25	
1	阀体	1	ZG25	

球阀	比例	1:1	数量	
	材料			
制图				
考号				

任务页 8-2

（1）该装配图共用了__________个图形，主视图是__________图，左视图是__________图，主视图采用了________画法，左视图采用了________画法。

（2）该装配体共有________个零件组成，其中标准件是件________和件________。

（3）尺寸ϕ14 H11/c11 表示的是件________与件________之间为________制________配合。

（4）件 3 的材料是________，作用是________________。

（5）件 4 的外部形状是______________。

（6）件 1 与件 2 之间采用__________连接。

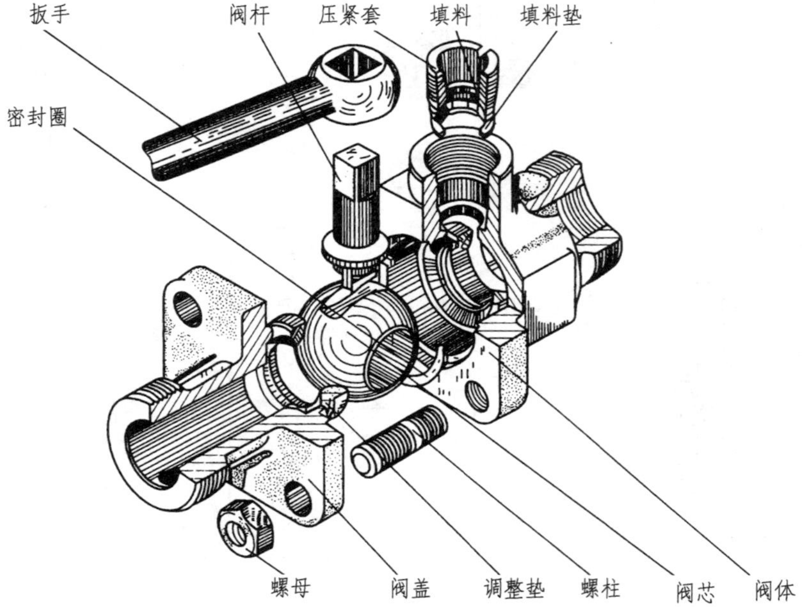

班级：____________ 姓名：____________ 学号：____________

5. 读装配图，回答问题。

换向阀在流体管路中控制流体的输出方向。如右图所示，流体从右边进入，从下出口流出。当转动手柄 4，使阀芯 2 旋转 180°时，下出口不通，流体从上出口流出，根据手柄转动角度大小，还可以调节出口处的流量。

（1）本装配图共用_____个图形表达，*A-A* 断面表示________和________之间的装配关系。

（2）换向阀由____种零件组成，其中标准件有____种。

（3）换向阀的规格尺寸为____________，图中标记的 Rp3/8 的含义是____________________。

（4）3×ϕ8 孔的作用是______________，其定位尺寸为__________。

（5）锁紧螺母的作用是_____________________________________。

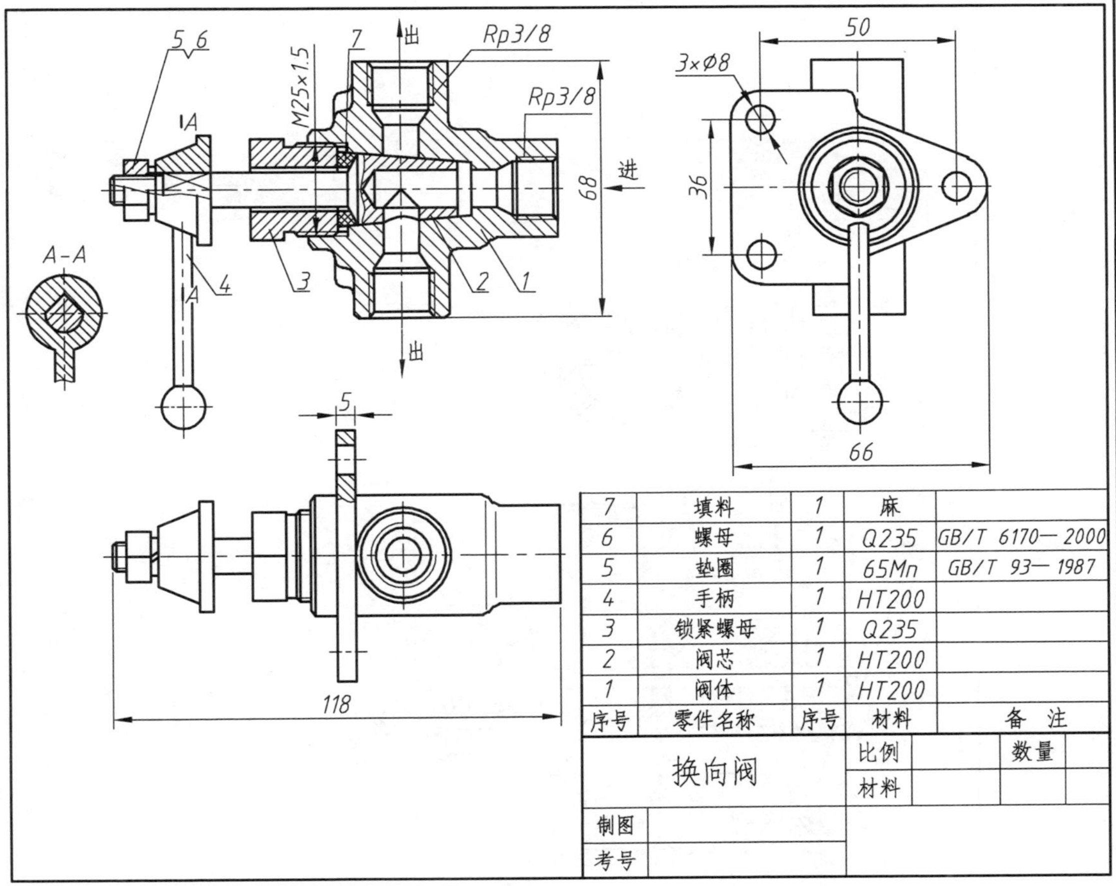

7	填料	1	麻	
6	螺母	1	Q235	GB/T 6170—2000
5	垫圈	1	65Mn	GB/T 93—1987
4	手柄	1	HT200	
3	锁紧螺母	1	Q235	
2	阀芯	1	HT200	
1	阀体	1	HT200	
序号	零件名称	序号	材料	备　注

换向阀	比例		数量	
	材料			
制图				
考号				

6. 识读三通阀装配图。

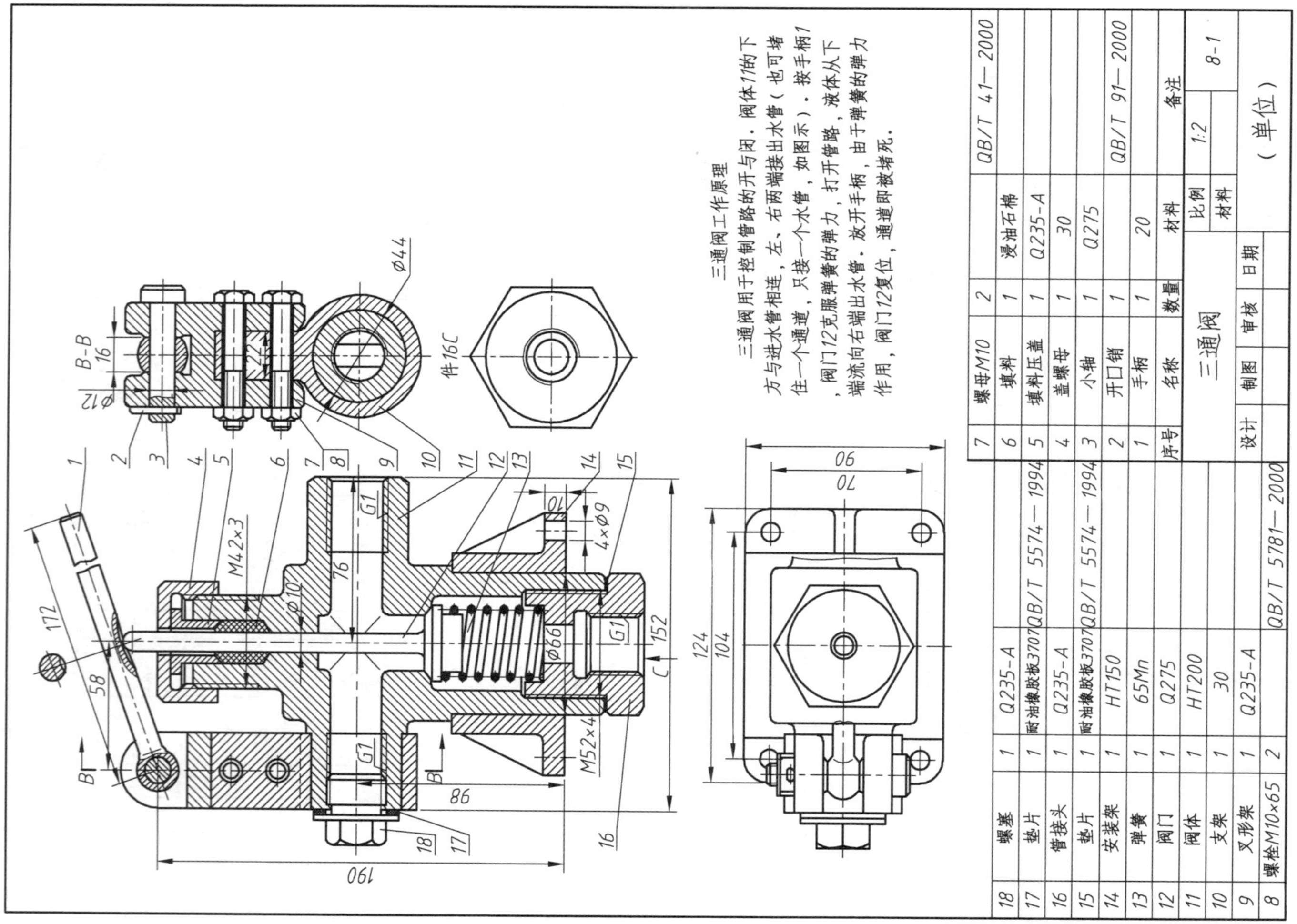

班级：________ 姓名：________ 学号：________

7. 识读截止阀装配图。(后附直观图)

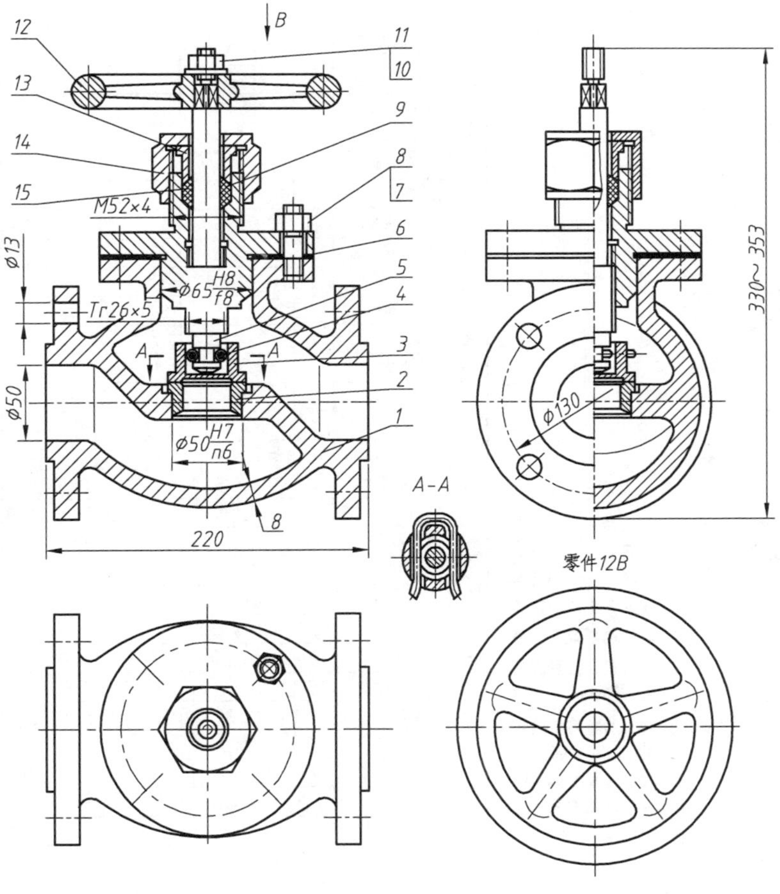

工作原理

截止阀是输液管路中的启、闭装置，逆时针转动手轮12，阀杆5随之转动，通过与阀盖9间螺纹的传动作用，使其上升，并由插销4带动阀盘3上升，管路接通，液体流过。顺时针转动手轮，阀盘下降，堵住通道，输液则停止。

技术要求

1.常用压力p=1.57 MPa；

2.装配后进行水压试验和密封性试验。

序号	名称	数量	材料	备注
15	填料	1	浸油石棉	
14	盖螺母	1	ZCuSn5Pb5Zn5	
13	压盖	1	ZCuSn5Pb5Zn5	
12	手轮	1	HT150	
11	螺母M12	1		GB/T 6170—2000
10	垫圈12	1		GB/T 97.1—2002
9	阀盖	1	ZCuSn5Pb5Zn5	
8	螺母M10	4		GB/T 6170—2000
7	螺柱M10×30	4		GB/T 898—1988
6	垫片	1	软钢纸板	QB/T 2200—1996
5	阀杆	1	H96	
4	插销	1	Q215-A	
3	阀盘	1	ZCuSn10Zn2	
2	阀座	1	ZCuSn10Zn2	
1	阀体	1	ZCuSn5Pb5Zn5	

截止阀			比例	1:2	02
			材料		
设计	制图	审核	日期	(单位)	

8. 识读减速机装配图。(后附直观图)

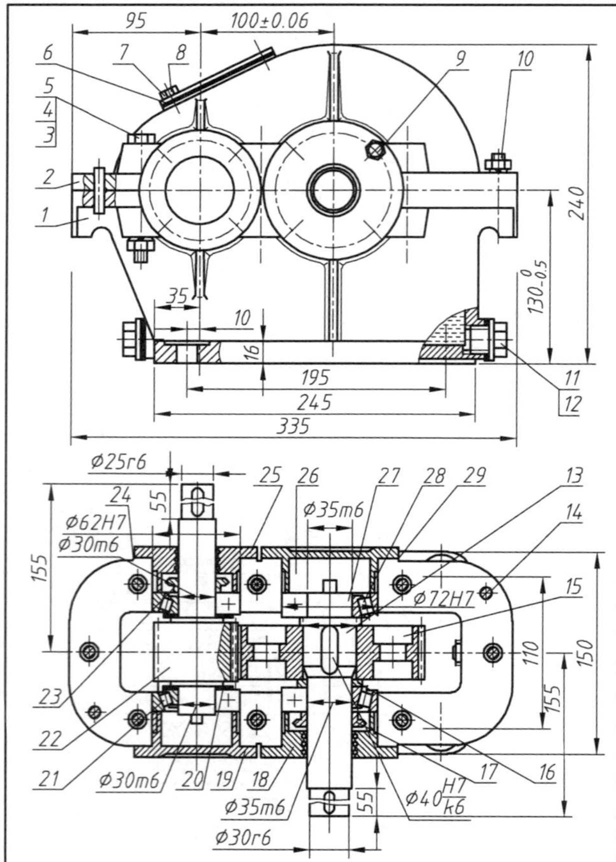

工作原理

减速机是一种减速装置。动力从齿轮轴22的伸出端传入，齿轮轴带动大齿轮15旋转，并通过键13将动力传递到轴27上，从而将主动轴的高速转动，经齿轮传动降为从动轴的低速转动，以达到减速的目的。

序号	名称	数量	材料	备注
26	端盖	1	HT200	
25	可通端盖	1	HT200	
24	调整垫片	2	08F	
23	甩油环	1	Q235	
22	齿轮轴	1	38SiMnMo	
21	滚动轴承30206	2		
20	挡油环	2	Q235	
19	端盖	1	HT200	
18	可通端盖	1	HT200	
17	甩油环	1	Q235	
16	定距环	1	Q235	
15	齿轮	1	35SiMn	
14	销8m6×35	2	45	GB/T 119.1—2000
13	键12×8×36	1	45	GB/T 1096—2000
12	垫圈	2	石棉橡胶纸	
11	螺塞	2	Q235	
10	螺栓M10×40	2	Q235	GB/T 5782—2000
9	螺栓M8×20	16	Q235	GB/T 5782—2000
8	螺栓M6×16	4	Q235	GB/T 5782—2000
7	视孔盖	1	Q235	
6	垫片	1	石棉橡胶纸	
5	螺母M10	8	Q235	GB/T 6170—2000
4	弹簧垫圈10	8	65Mn	GB/T 93—1987
3	螺栓M10×90	6	Q235	GB/T 5782—2000
2	机盖	1	HT200	
1	机体	1	HT200	

29	调整垫片	2	08F	
28	滚动轴承30207	2		
27	轴	1	45	

ZD10减速机			比例	1:4	(图号)
			材料		
设计	制图	审核	日期	(单位)	

班级：________ 姓名：________ 学号：________

任务页 8-2

截止阀直观图

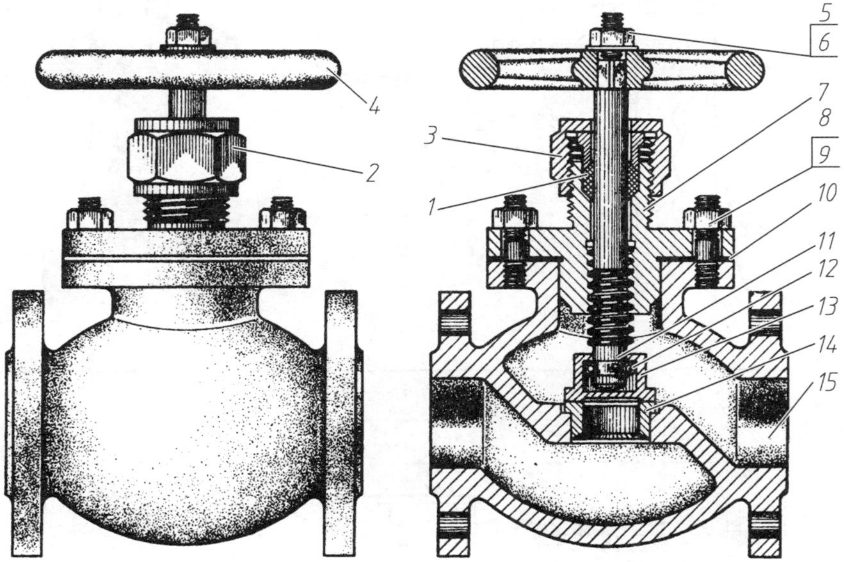

1—填料；2—盖螺母；3—压盖；4—手轮；5—螺母；6—垫圈；
7—阀盖；8—螺母；9—螺柱；10—垫片；11—阀杆；
12—插销；13—阀盘；14—阀座；15—阀体

减速机直观图

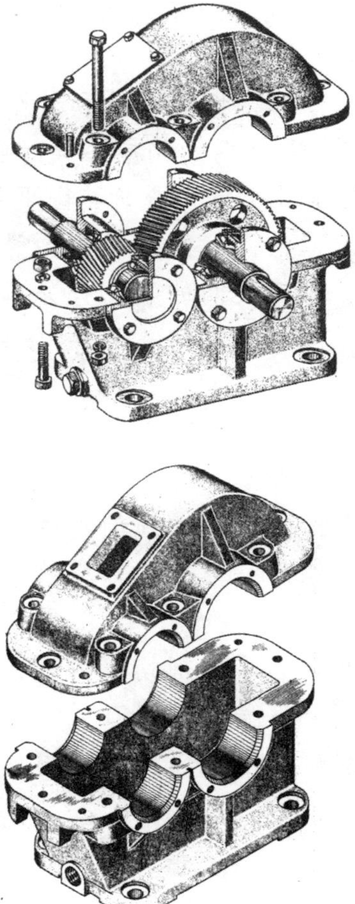

班级：__________ 姓名：__________ 学号：__________

任务页 8–3

1. 画装配图

根据千斤顶的装配示意图和零件图，拼画装配图。

画图步骤：

（1）初步了解。根据名称和装配体的功能进行粗略分析，并将其与零件图的相应序号对照，区分一般零件和标准件，并确定其数量，分析装配图的复杂程度和大小。

（2）详读零件图。依据示意图详读零件图，进而分析装配顺序、零件之间的装配关系、连接方法，弄清传动路线、工作原理。

（3）确定表达方案，选择主视图和其他视图。

（4）合理布图。先画出各视图的作图基准线（主要装配干线、对称线等）

（5）拟定作图顺序。画剖视图时，一般从装配干线入手，由内向外逐个画出各零件的投影（也可酌情由外向内绘制）。

（6）注意相邻零件剖切线的画法。标注尺寸，填写技术要求，编好序号。

（7）作图后，应按装配图的内容，做全面的检查和修正。

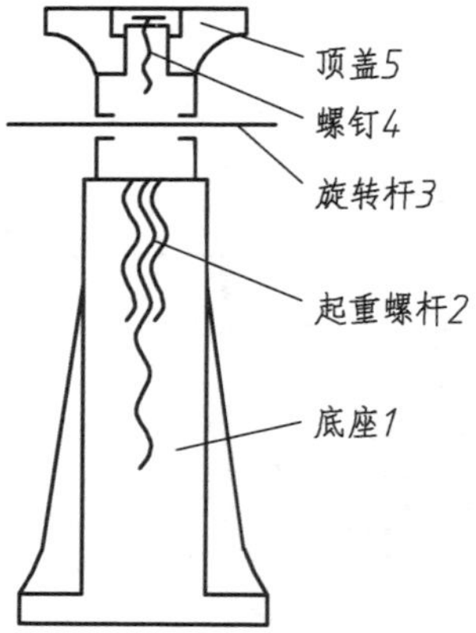

千斤顶工作原理

千斤顶是顶起重物的部件。使用时，须按逆时针方向转动旋转杆 3，使起重螺杆 2 向上升起，通过顶盖 5 将重物顶起。

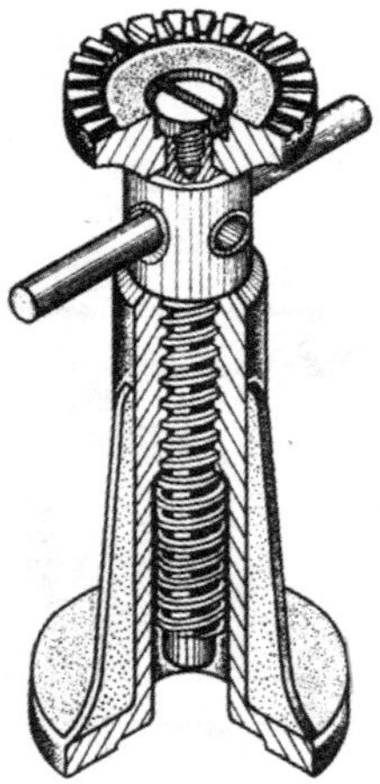

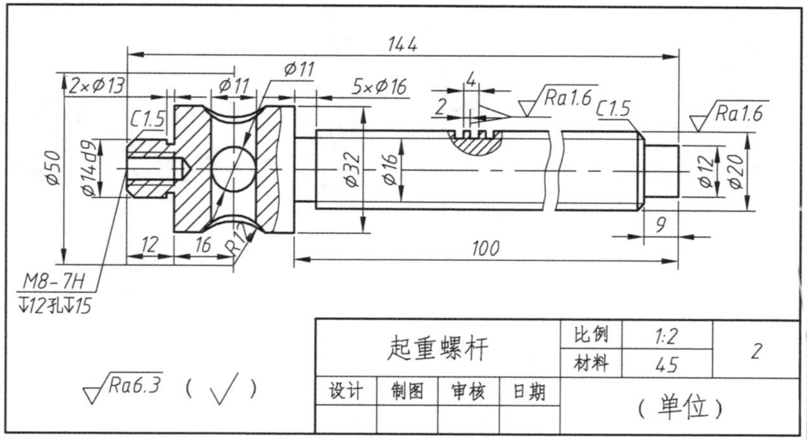

 班级：________ 姓名：________ 学号：________

任务页 8-3

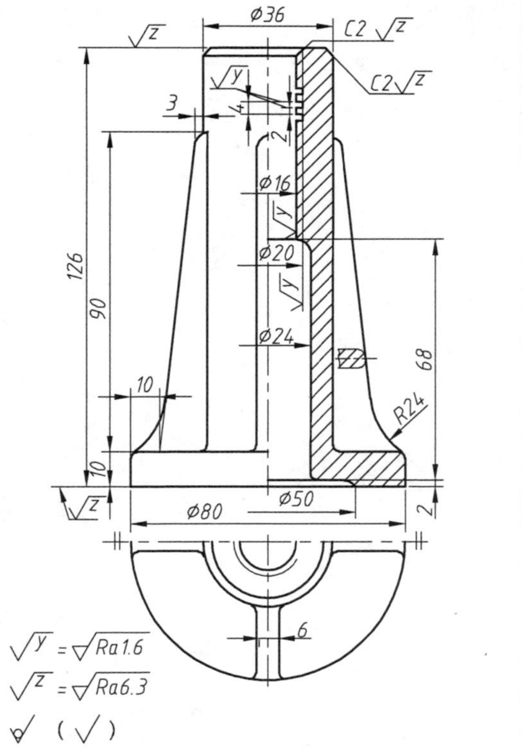

底座		比例	1:2	4
		材料	HT300	
设计	制图	审核	日期	（单位）

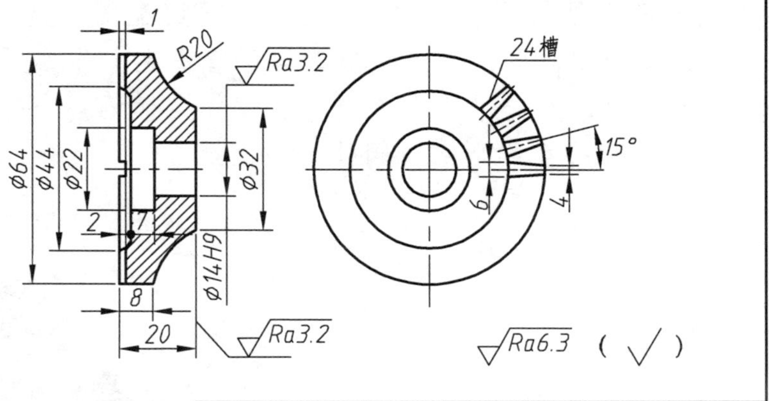

顶盖		比例	1:2	3
		材料	45	
设计	制图	审核	日期	（单位）

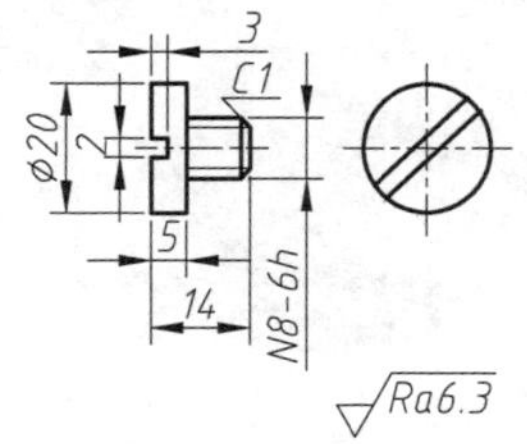

螺钉		比例	1:2	5
		材料	30	
设计	制图	审核	日期	（单位）

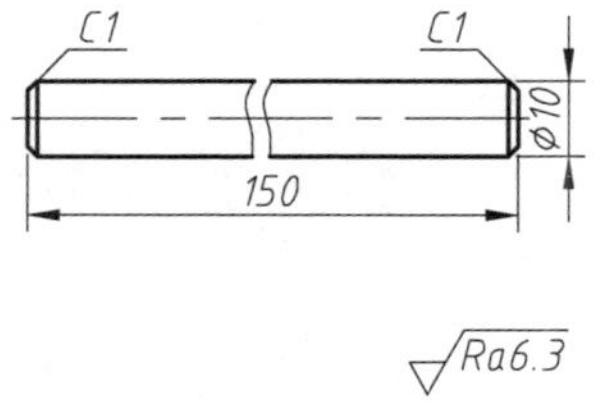

旋转杆		比例	1:2	6
		材料	45	
设计	制图	审核	日期	（单位）

班级：__________　　姓名：__________　　学号：__________

2. 根据旋阀的轴测装配图和零件图，拼画装配图。先用尺规绘制，再用 AutoCAD 绘制。

下图是旋阀的立体图，它用螺纹连接于管道上，作为开关设备，其特点是开关迅速。图中旋阀处于打开的位置，在锥形塞顶部开有平行于管道的长槽作为标记。当锥形塞旋转 90°以后，长槽和管道垂直，表明旋阀已关闭。为了防止泄漏，在锥形塞与阀体之间缠上石棉绳，并用压盖压紧，填料(石棉绳)压紧后内面高度为 12 mm。

班级：＿＿＿＿＿＿ 姓名：＿＿＿＿＿＿ 学号：＿＿＿＿＿＿

任务页 8-3

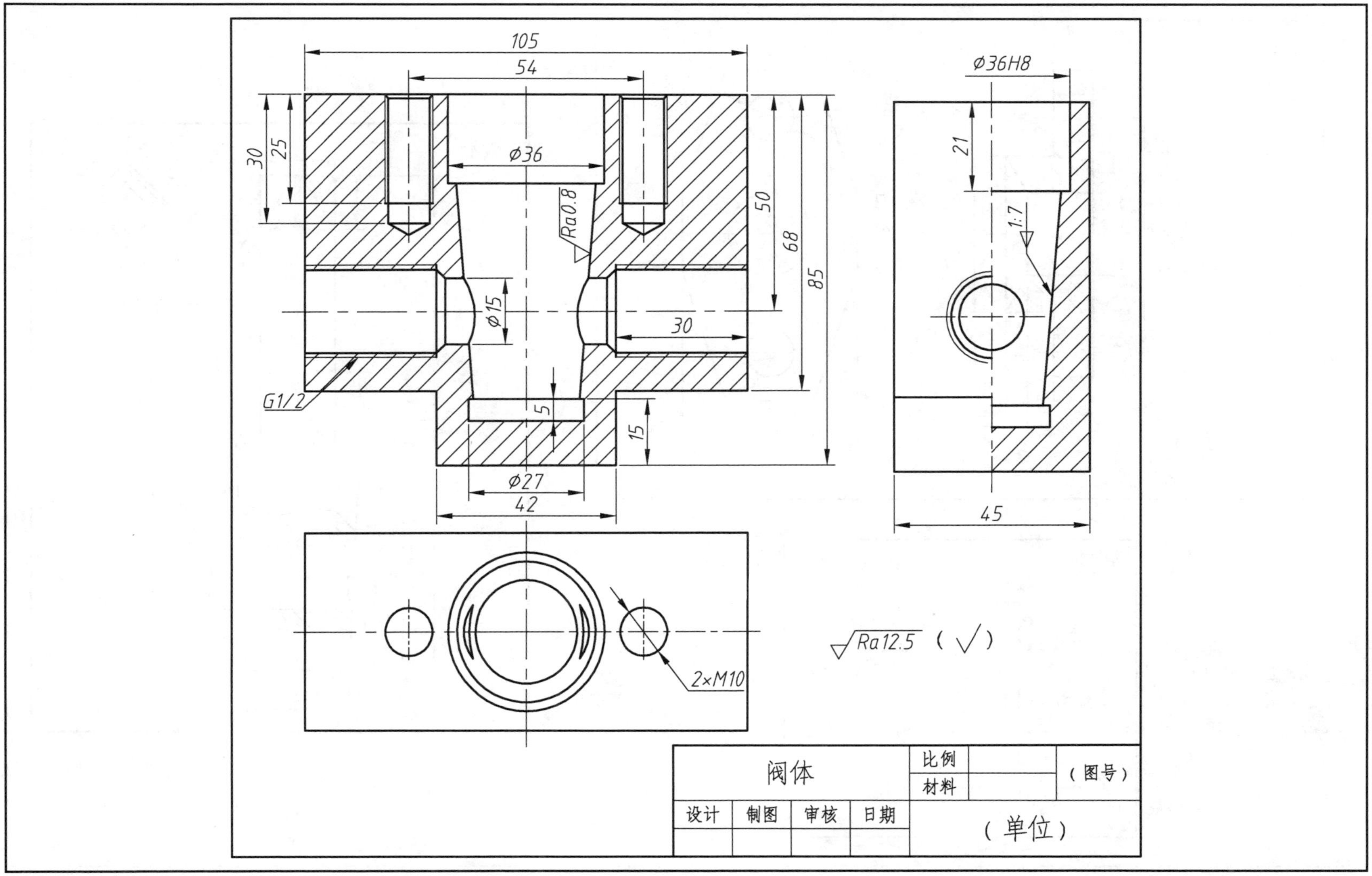

105
54
30
25
Φ36
Ra0.8
50
68
85
Φ15
30
G1/2
5
15
Φ27
42
Φ36H8
21
1:7
45
2×M10
Ra12.5 (√)
阀体
比例
材料
(图号)
设计
制图
审核
日期
(单位)

任务页 8–3

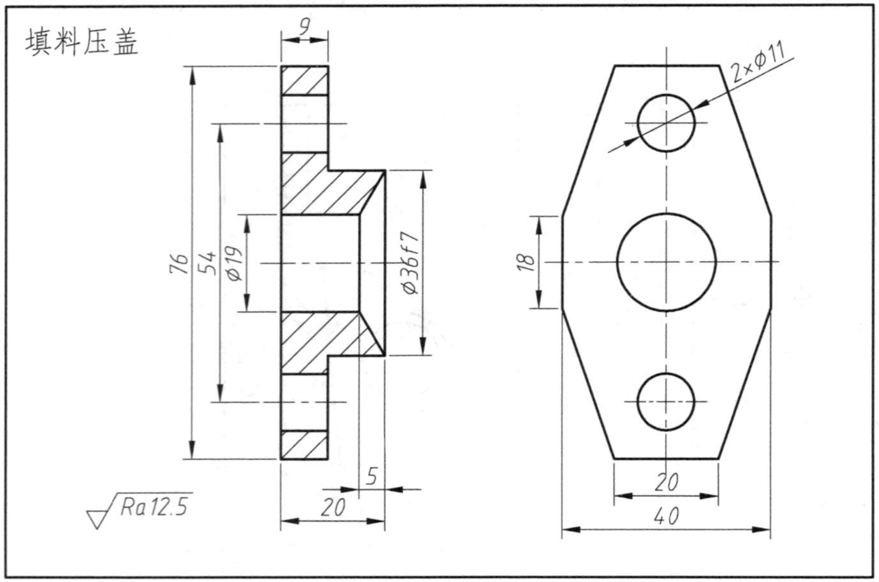

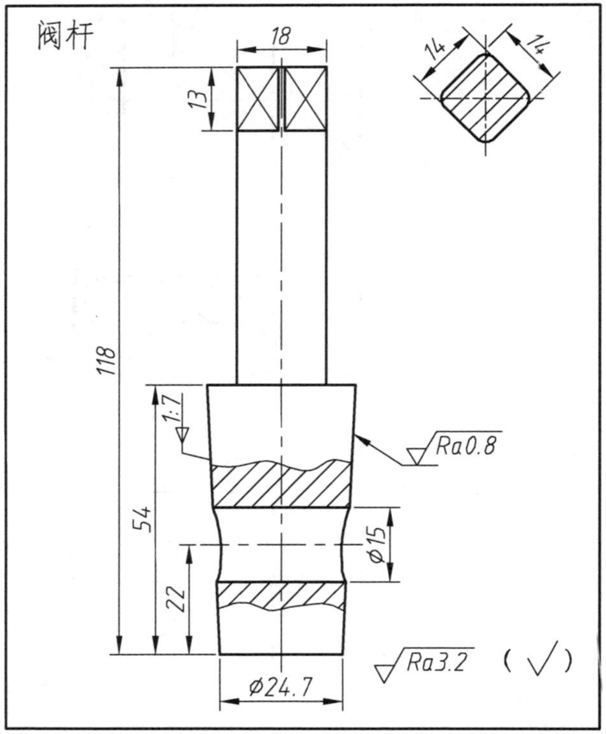

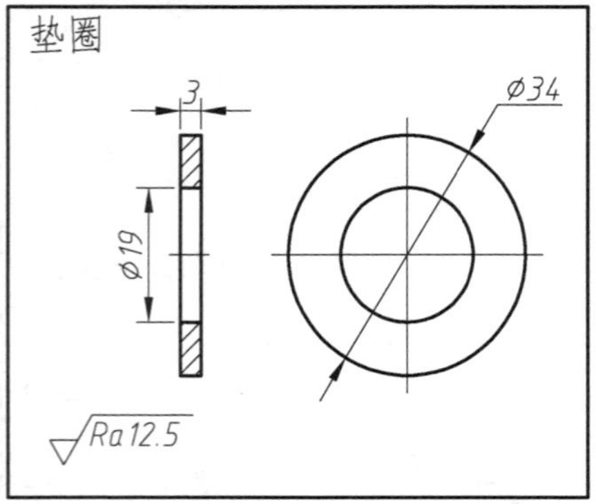

班级：__________ 姓名：__________ 学号：__________

3. 根据可调支承的零件图和装配示意图，拼画其装配图。

如右图所示，螺钉右端的圆柱部分插入到螺杆的长槽内，使得螺杆只能沿轴向移动而不能转动。在螺母、螺杆和被支承物体的重力作用下，螺母的底面与底座的顶面保持接触。顺时针转动螺母时，螺杆向上移动；反之，螺杆向下移动，通过旋转螺母即可调整该部件的支承高度。

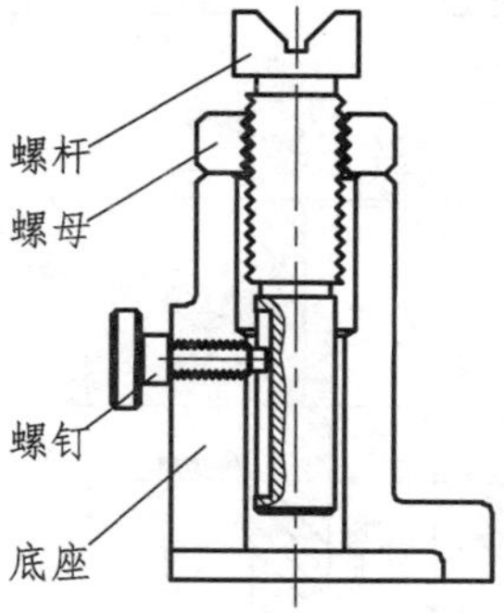

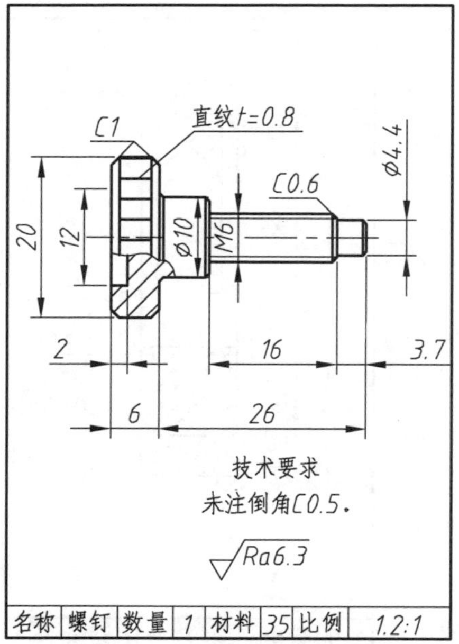

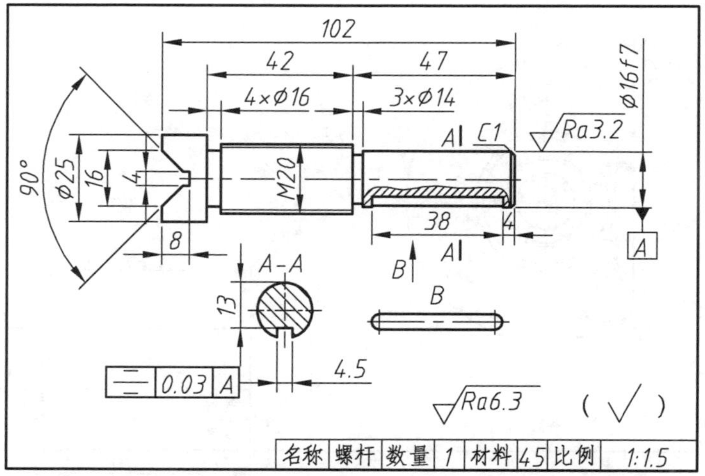

任务页 8-3

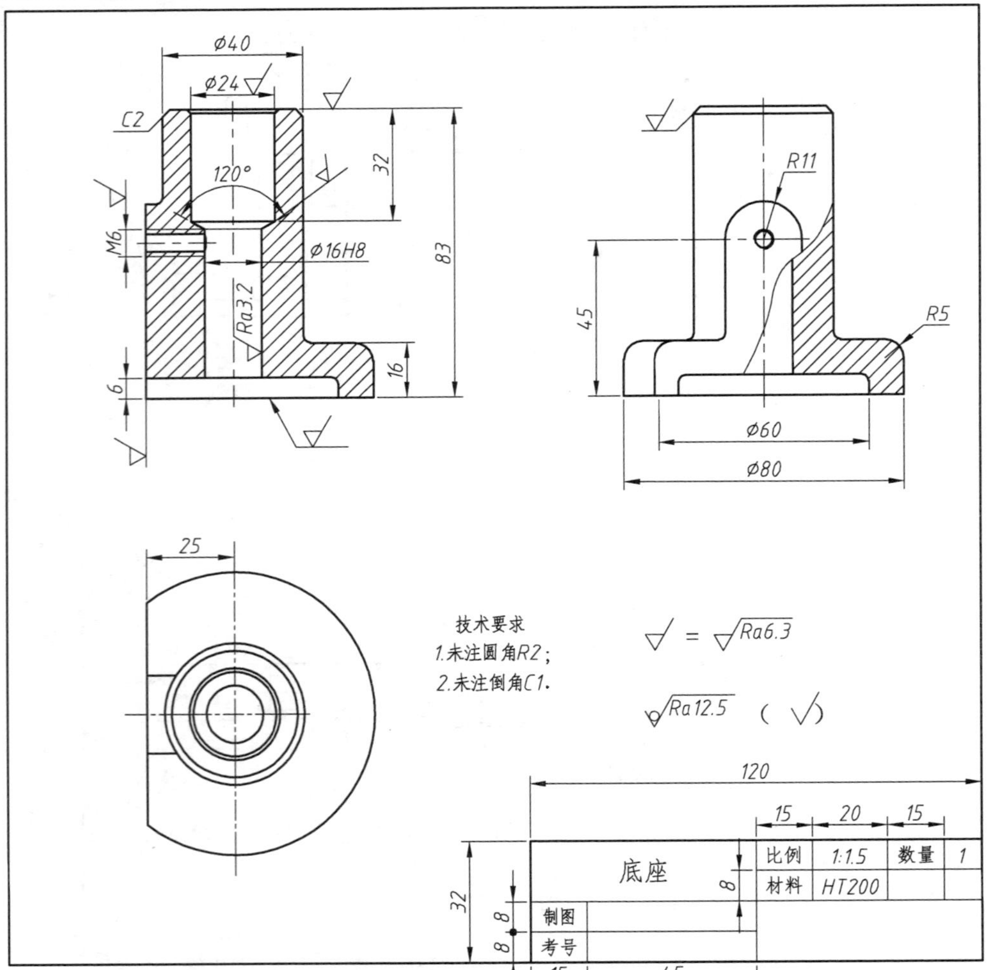

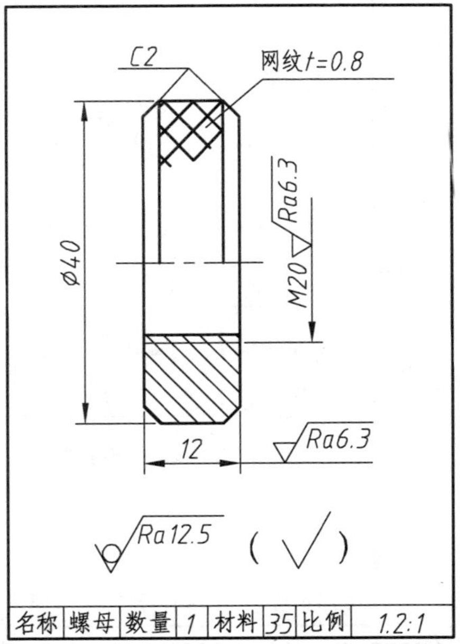

班级：______________ 姓名：______________ 学号：______________

4. 根据定滑轮的零件图和装配示意图，拼画其装配图。

定滑轮是一种简单的起吊装置，绳索套在滑轮槽内，滑轮装配在心轴上可以转动，心轴由支架支承并由开口销轴向固定。心轴内部有油孔，将油杯中的油输送到滑轮孔进行润滑

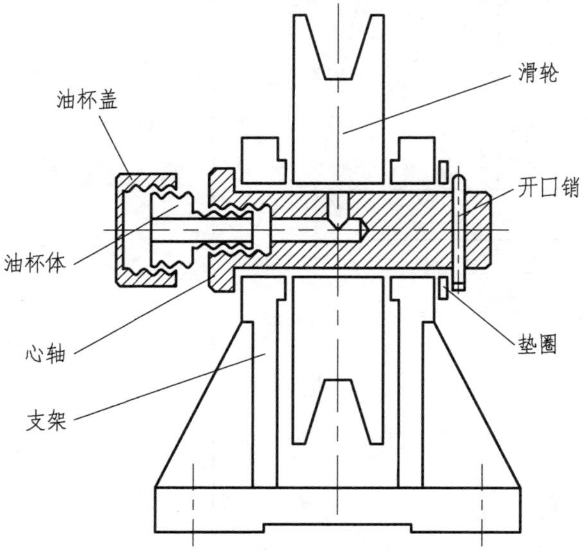

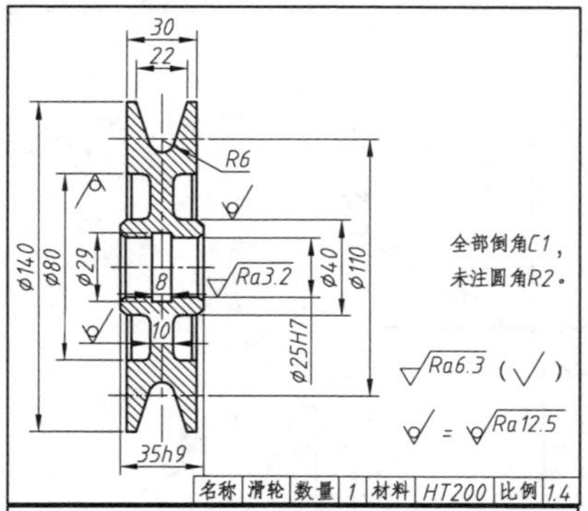

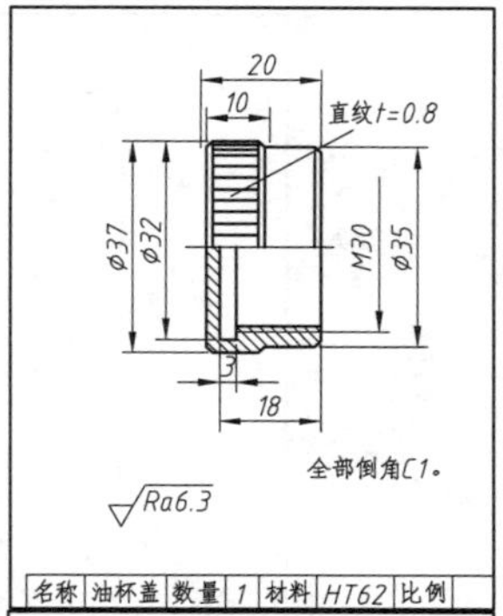

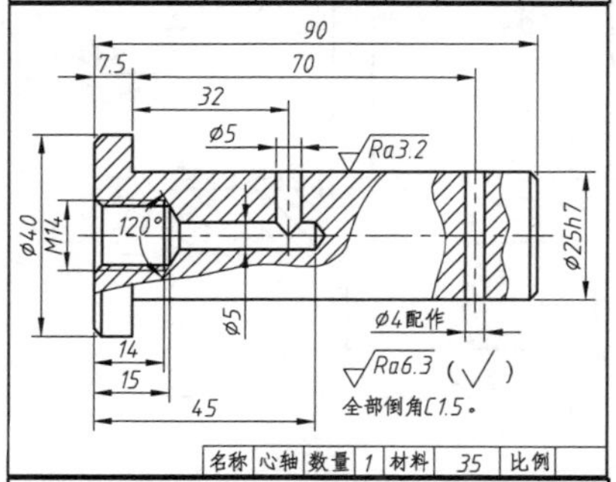

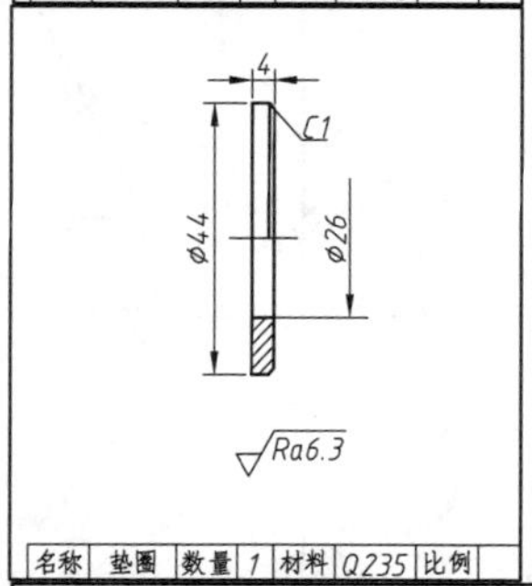

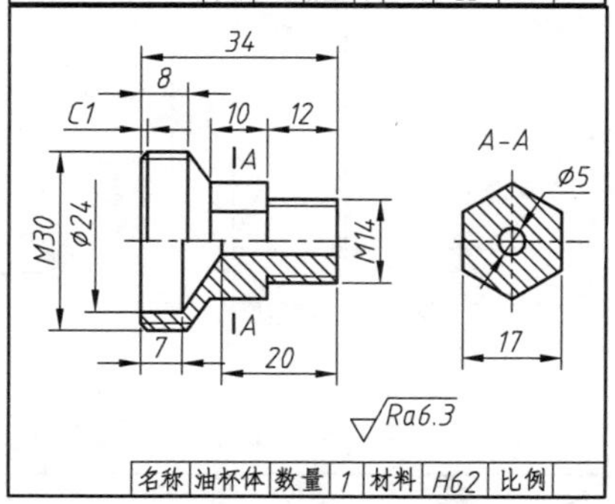

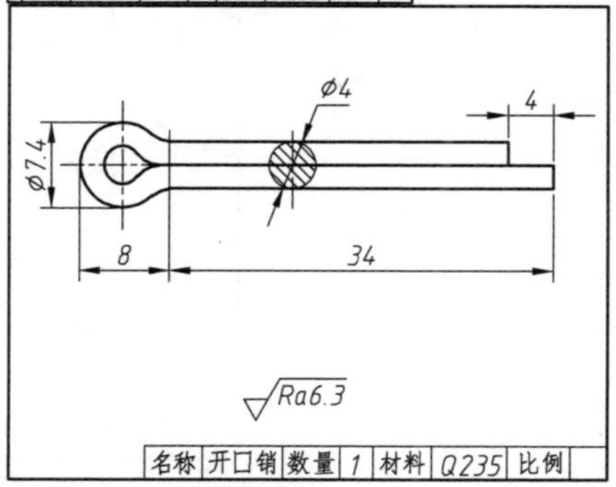

任务页 8-3

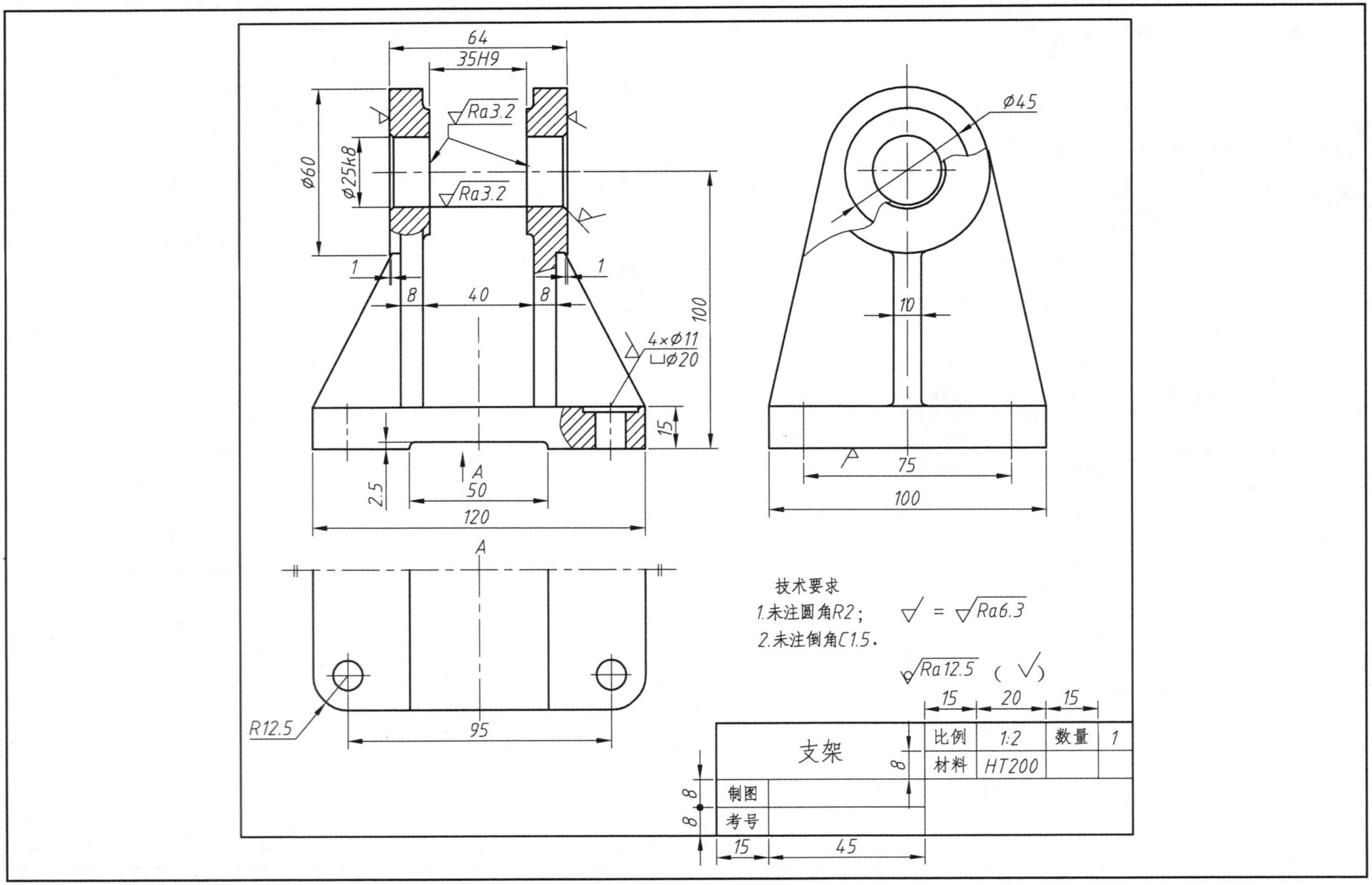

班级：__________ 姓名：__________ 学号：__________

任务页 9-1

（1）AutoCAD 提供了________和________两种坐标系。

（2）AutoCAD 图形文件的后缀/扩展名为________，AutoCAD 样板文件的后缀/扩展名为________。

（3）简述 AutoCAD“二维草图与注释”绘图界面的组成和功能。

（4）在“二维草图与注释式”工作空间中，怎样显示和隐藏菜单栏？

（5）极轴追踪与对象捕捉有什么区别？

（6）图层具有哪些特性？如何设置这些特性？

（7）在绘制图形时，如果发现某一图形没有绘制在预先设置的图层上，如何将其放置在指定层上？

（8）使用 AutoCAD 2018 新建图形文件，设置绘图单位：长度为 2 位小数，角度为度/分/秒、整数，其余默认，并保存为图形文件。

（9）使用 AutoCAD 2018 设置窗口的背景色为黑色，并体会 AutoCAD 2018 默认背景色。

（10）使用 AutoCAD 2018 新建图形文件，按下图所示建立图层。

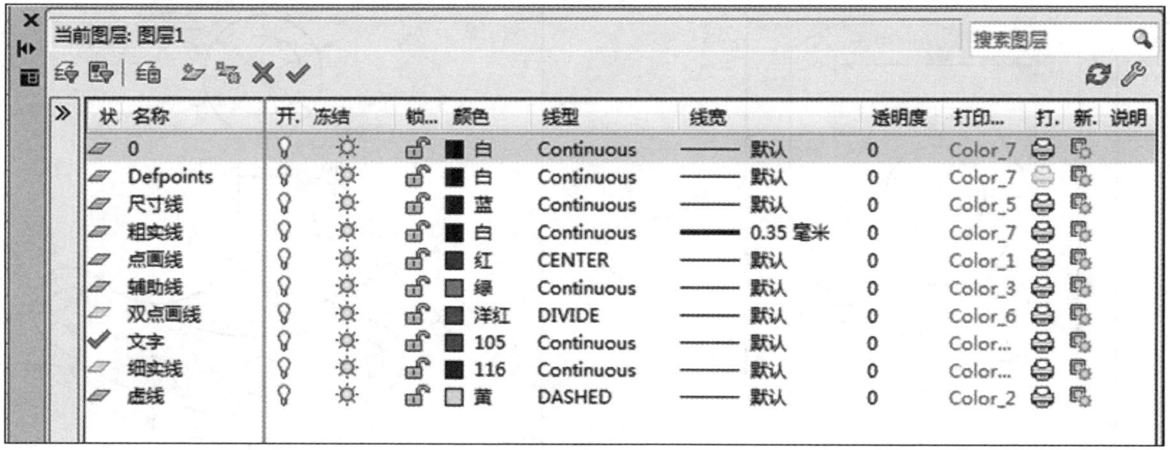

1. 使用 AutoCAD 2018 绘制下列平面图形。

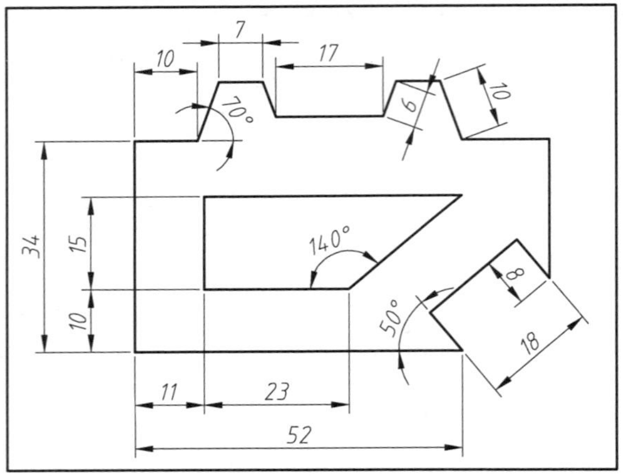

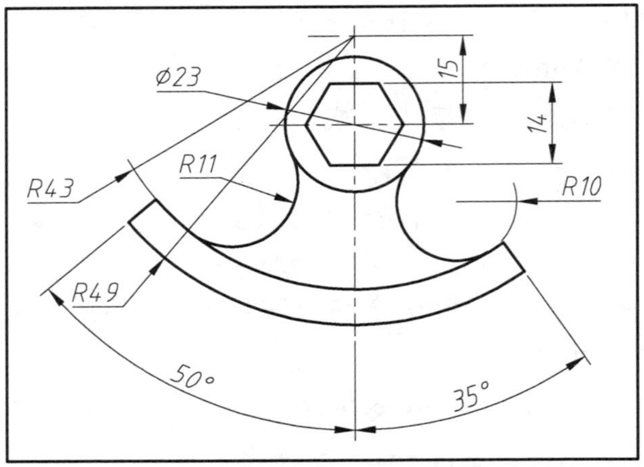

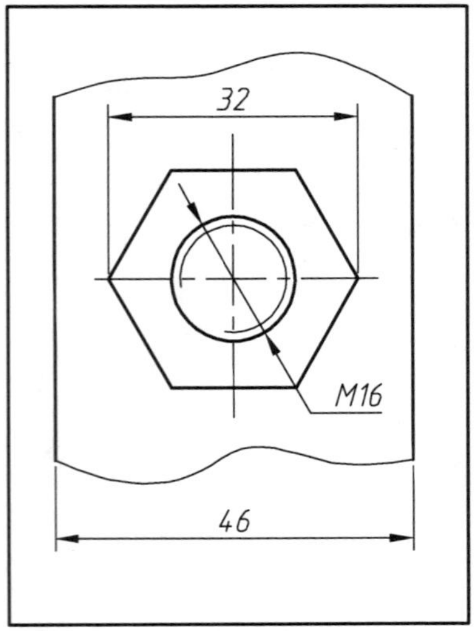

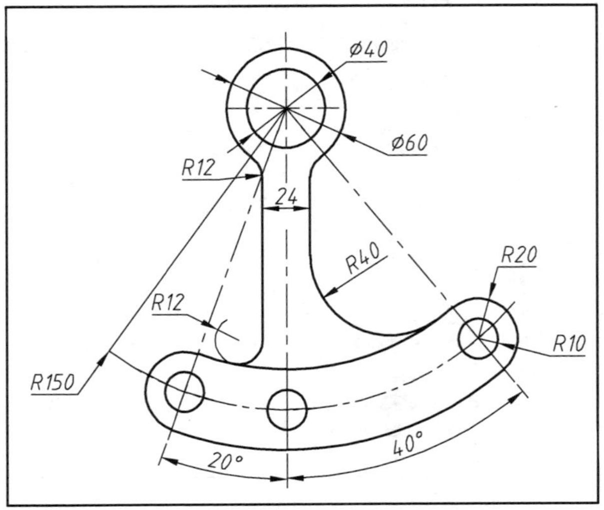

班级：________　　姓名：________　　学号：________

2. 使用 AutoCAD 2018 绘制下列平面图形。

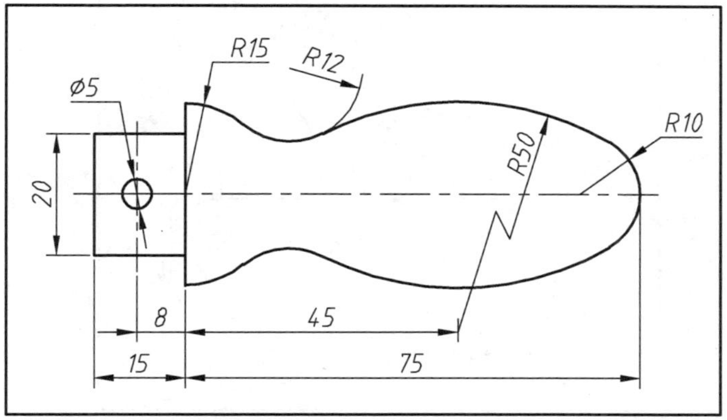

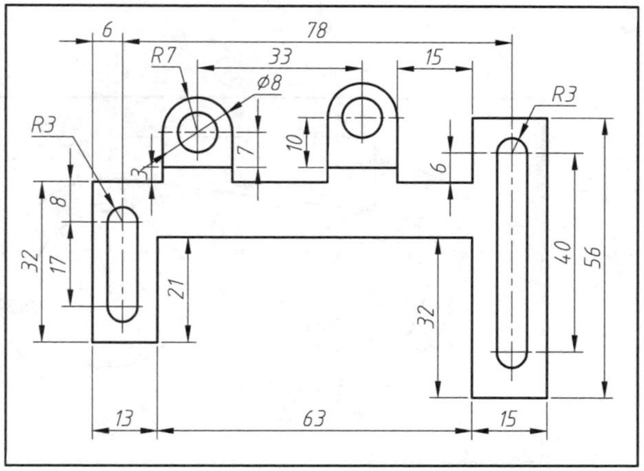

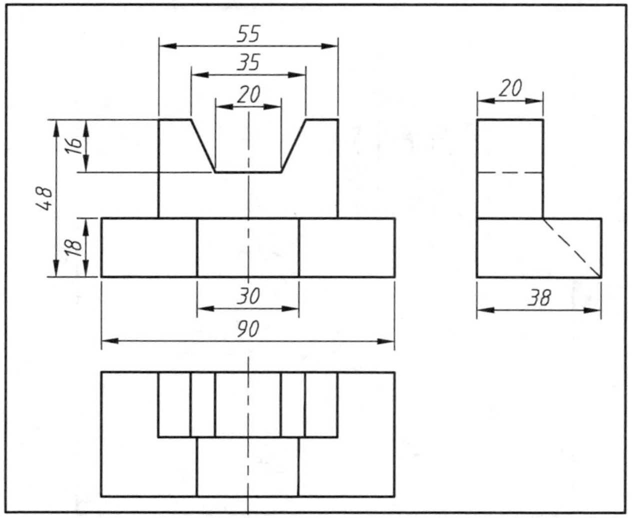

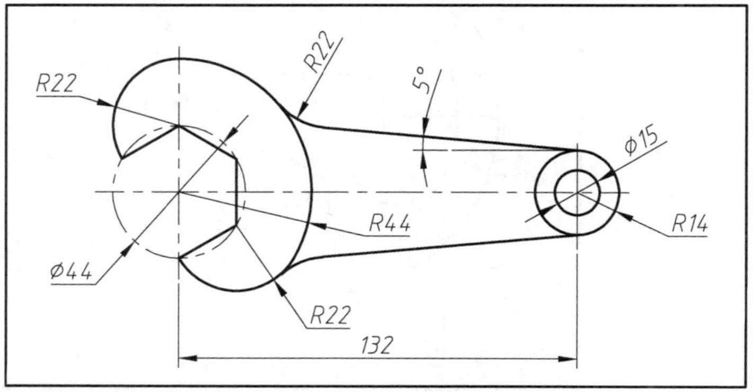

1. 使用 AutoCAD 2018 绘制下列图形。

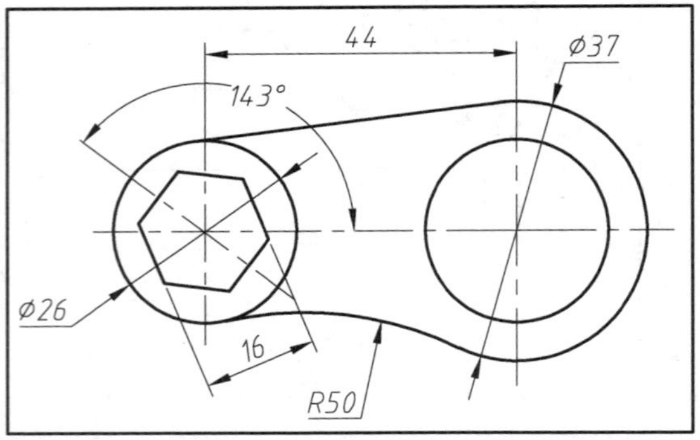

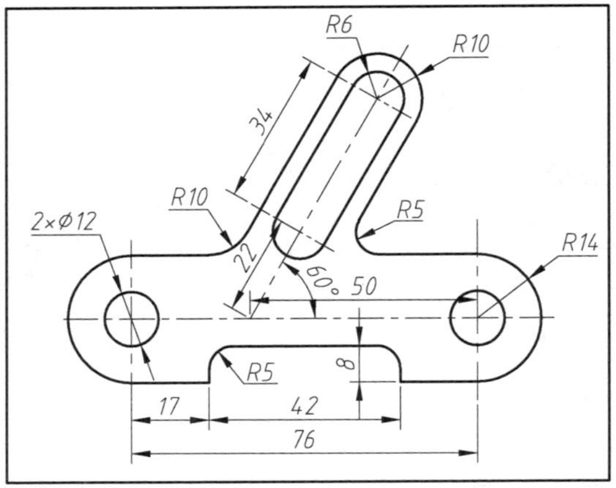

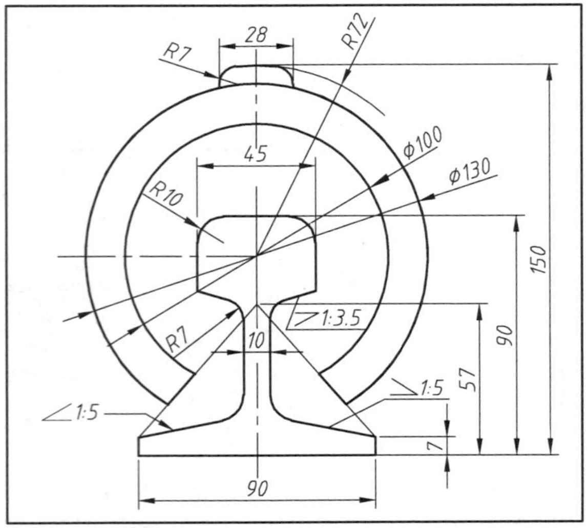

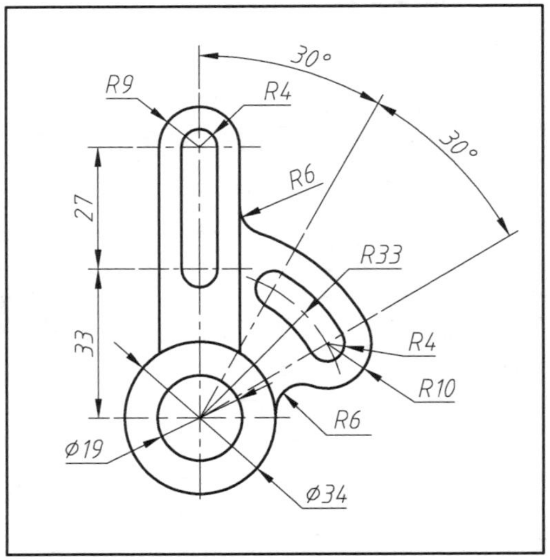

班级：________ 姓名：________ 学号：________

2. 使用 AutoCAD 2018 绘制下列图形。

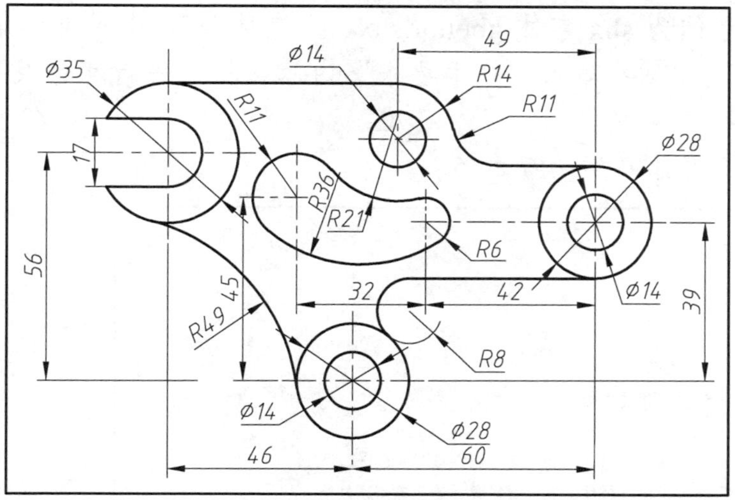

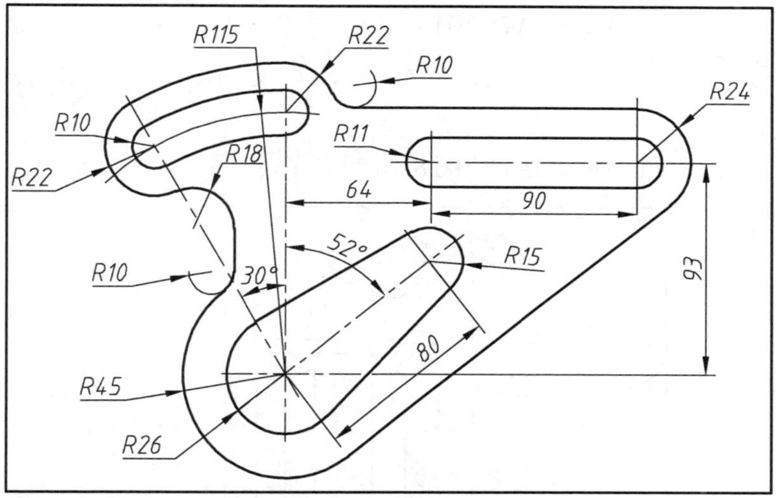

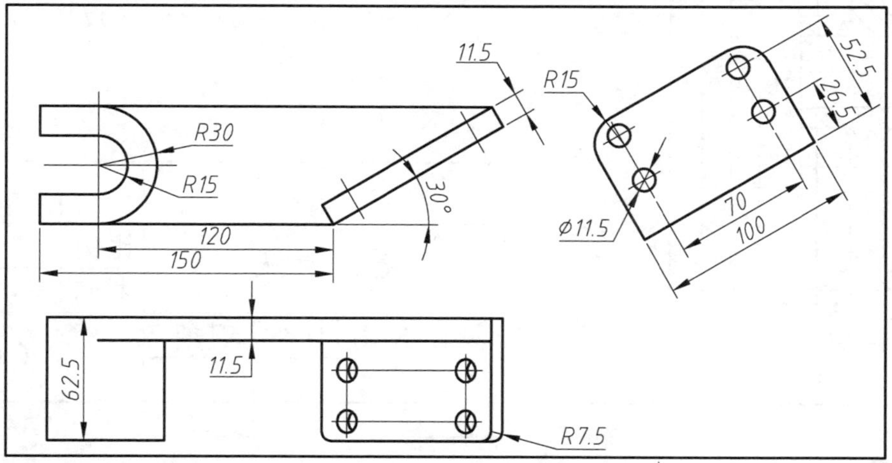

任务页 9–4

1. 使用 AutoCAD 2018 绘制图所示图形。

2. 使用 AutoCAD 2018 定义文字样式“文字 7”，要求字体为 shx 字体 gbenor.shx、大字体为 gbcbig.shx，字高为 7（“技术要求”字高为 10），宽度因子为 1，倾斜角度为 0，并输入“技术要求”内容，然后进行字体及段落设置等。

3. 使用 AutoCAD 2018 绘制图中标题栏，并输入文字（字体高度为 7 和 5）。

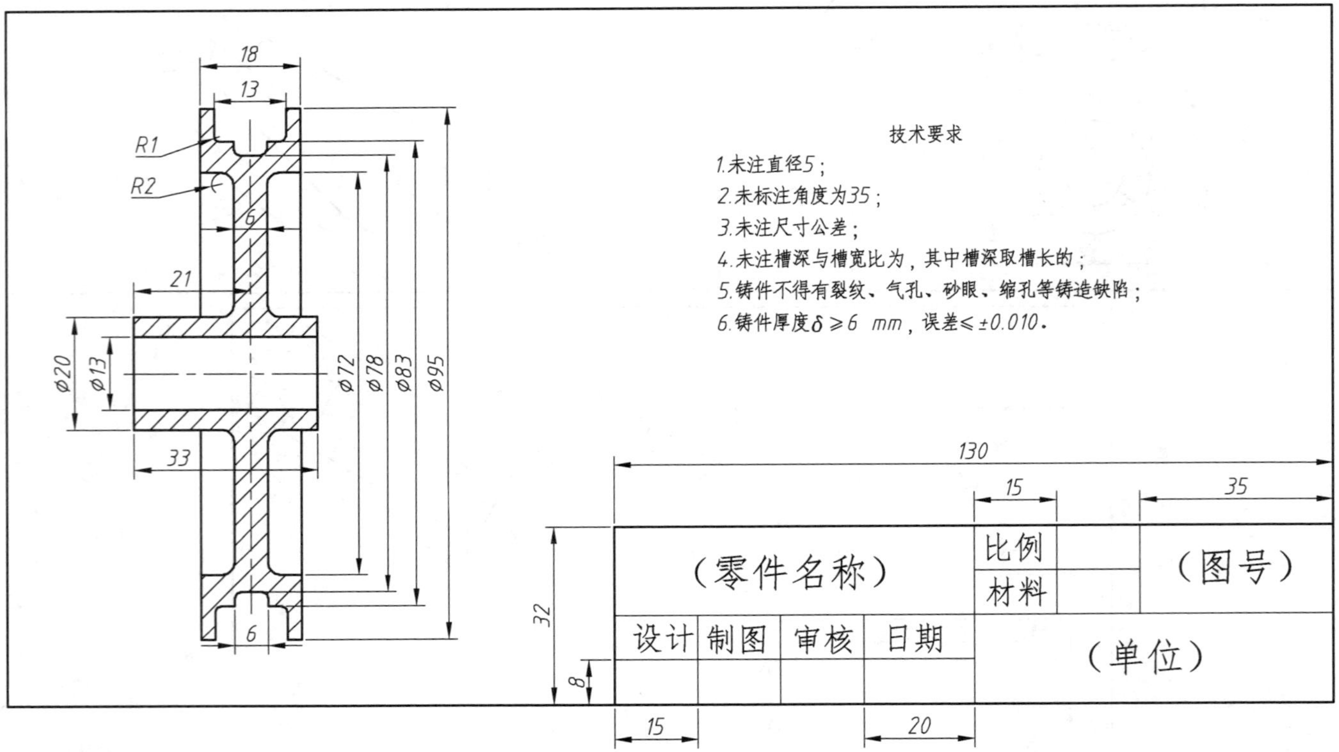

班级：________ 姓名：________ 学号：________

4. 使用 AutoCAD 2018 绘制图形（未标注的尺寸，由读者自定）。

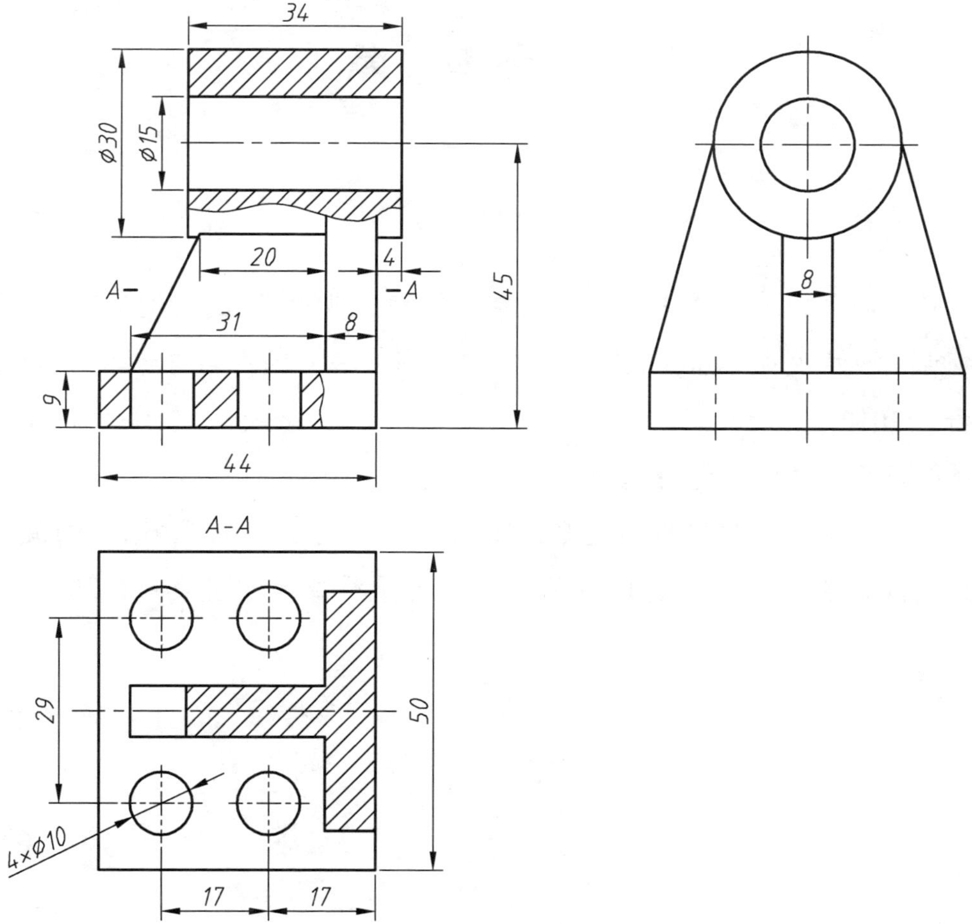

参考文献

[1] 马慧，孙曙光. 机械制图习题册[M]. 4版. 北京：机械工业出版社，2013.

[2] 尹涛，杨京山，周娜. 中文版AutoCAD应用基础教程——上机指导与练习（2012版）[M]. 成都：西南交通大学出版社，2012.

[3] 金大鹰. 机械制图习题册[M]. 北京：机械工业出版社，2016.

[4] 佟显军，马玉青，付赐寿. 机械制图习题册[M]. 北京：化学工业出版社，2015.

[5] 金莹，程联社. 机械制图项目教程[M]. 西安：西安电子科技大学出版社，2014.